新华美誉

童眼看世界
TONGYAN KAN SHIJIE

U0398822

认鸟类

北京理工大学出版社
BEIJING INSTITUTE OF TECHNOLOGY PRESS

大家知道吗？鸟类对人类发展贡献很大，可以说它们在结构、功能、通信等方面都给人类提供了很好的教学材料。

很早以前，人们便通过研究鸟类的翅膀来探索“飞行器”，直到1903年飞机问世。蜻蜓在空中悬停，为人类创造直升机带来了灵感。鹰的眼睛异常敏锐，能在3 000米高空迅速锁定地面目标并追踪，人们由此便想着利用电子光学技术研究一种类似鹰眼的系统，帮助飞行员识别地面目标……

所以，认识鸟类、走近鸟类、观察鸟类，对人类文明的发展是有好处的。当然，研究它们的时候不可以伤害它们，人与动物应该和谐相处。

目录

鸟类概述

陆禽

游禽

涉禽

攀禽

猛禽

鸣禽

鸟类概述

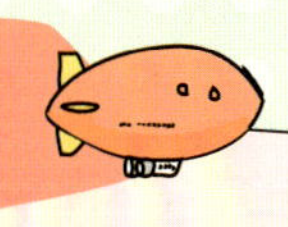

鸟类是唯一具有羽毛的动物种类，是动物界中的一个大群体，已被发现的鸟类分布在世界各地，有一万多种。鸟类的生活十分忙碌，每天都在为生计而奔波。有些鸟类长有漂亮而艳丽的羽毛，有些鸟类会发出悦耳的声音，而大多数鸟类长有翅膀并且能够飞翔……

科学家发现，鸟类拥有较高的智慧，而且经常对家庭成员有无私的情怀，因此推测它们可能是由爬行动物——例如恐龙——进化而来的。

骨骼

鸟类的骨骼主要由五部分组成：头部、颈部、躯干、尾部和四肢。其中，头部比较小，颈部较长且灵活，前肢进化成“翼”，身体呈流线型。

走近鸟类

鸟类的骨骼就是为飞行而生的。

它们身体前方为尖形，可以冲破空气的阻力，更有利于飞行。

它们的骨骼很轻但很坚固，骨头里面是空的，充有空气。所以，它们落水时往往能够浮在水面上。其中，头骨是一个完整的骨片，并与身体各部分的骨头相连，整个骨架的结构十分稳固。

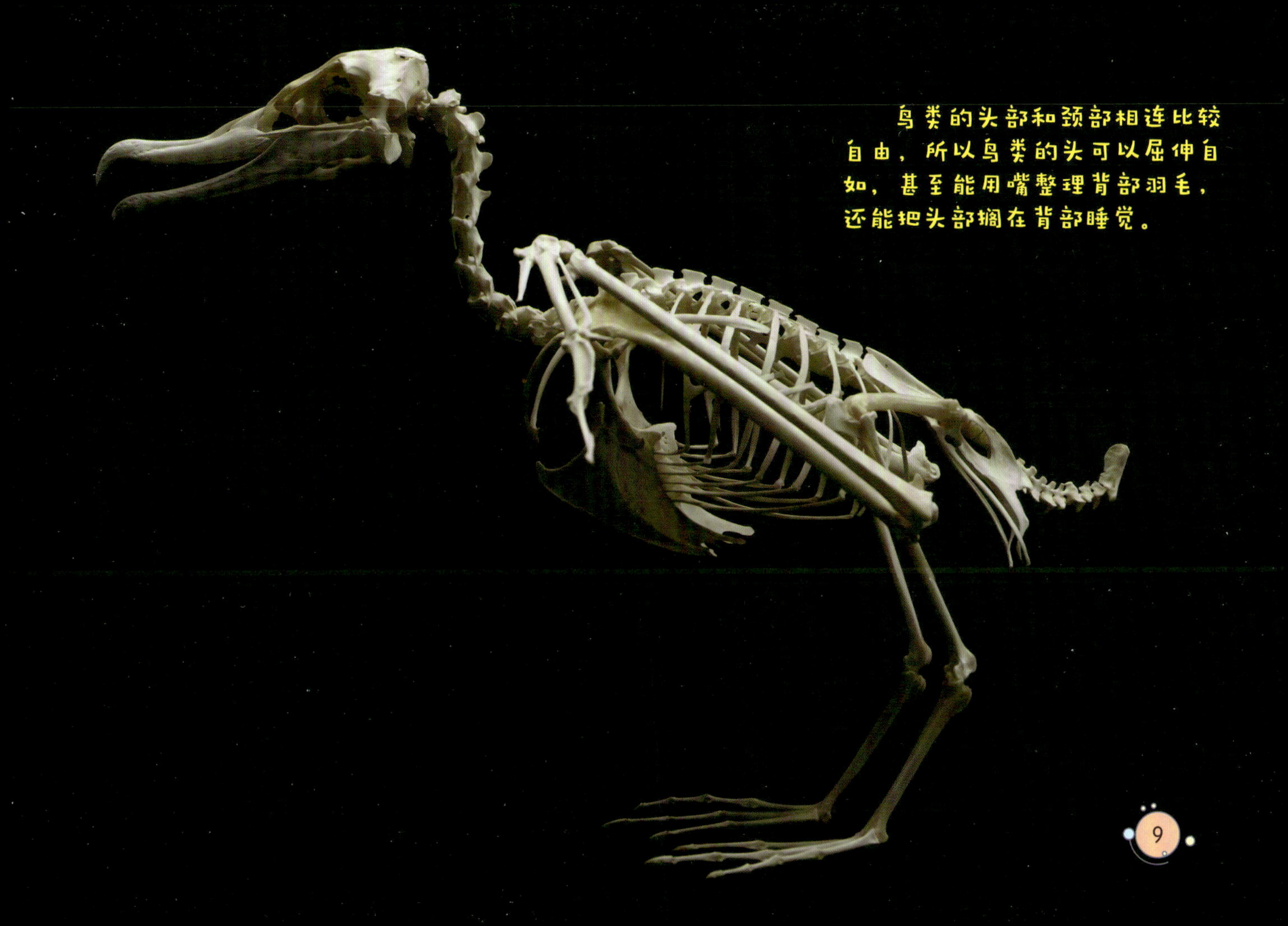

鸟类的头部和颈部相连比较自由，所以鸟类的头可以屈伸自如，甚至能用嘴整理背部羽毛，还能把头部搁在背部睡觉。

羽毛

鸟类全身表面覆有羽毛，其分类如下：一般有正羽、绒羽、半绒羽、纤羽、粉羽，其中粉羽并不是所有鸟类都有的。羽毛不仅有韧性、弹性，还有防水功能，可以保护鸟类身体、保温和辅助飞翔。

走近鸟类

正羽分布在鸟类的体表、双翅和尾部，羽片一般较大。体表的正羽形成一层防风外壳，并让鸟体呈流线型轮廓。双翅和尾部的正羽对飞翔及平衡起决定性作用。

绒羽柔软蓬松，有很好的保温作用。

半绒羽是介于正羽和绒羽的一种羽毛。

纤羽，也称毛羽，杂生在正羽及绒羽之间以及喙基部，细细长长如毛发一般，这种羽毛具有为鸟类提供触觉的作用。

粉羽是一种特化的绒羽，粉羽中的某些部分会不断破碎为粉状颗粒，用来帮助清理正羽上的脏东西，同时也有助于羽毛的防水。

视觉器官

在鸟类的所有感觉器官中，视觉器官是最发达的，因为其在鸟类飞翔时起重要作用。鸟类的眼睛是圆形的，长在头部的两侧（某些品种除外），可以同时看到两个方向的东西。

走近鸟类

鸟类的眼睛兼具放大镜和望远镜的功能。

比如，在人类眼中非常细小的虫卵，在它们眼中可能就是大物件了。

比如，鸟类在高空中就能看到地上奔跑的小动物或水里游的小鱼儿。更有意思的是，它们的睫状肌十分发达，能够迅速而有效地调节视力，将“远视”变为“近视”。这就不难解释，为什么鸟类飞过密林时几乎不会和树枝相碰，从高空俯冲觅食时也总能瞄准目标了。

鸟类拥有一种半透明的眼睑，通常称为“瞬膜”，它覆盖着眼球，既能湿润眼球又不影响视力，具有保护整个眼球的作用。

听觉器官

人们经常觉得鸟类是没有耳朵的，其实它们的耳朵是被羽毛覆盖住了，并不是缺失了，而且它们的耳朵还有很大的作用。

走近鸟类

鸟类的听觉通常比人类灵敏，能够听到非常细小的声音。例如一些鸟类在草地上觅食的时候，常常会侧着脑袋默立静听，不一会儿便能迅速找到虫子的位置并捉到它。

另外，鸟类的耳朵还具有分辨各种声音的能力，它们能分清楚动物和人类活动声音的区别，如果是动物的声音它们不会有什么反应，一旦听到人类发出的声音，它们便会立即逃走。

鸟类的耳朵长在眼睛后方稍下处，周围覆盖着柔软的羽毛，通常不能直接看到。

鸟喙

鸟的嘴巴称为喙。鸟喙是由鸟的上下颌骨向前突出形成的，呈角质结构，所以很坚硬，有些鸟类甚至能用它来打开坚果。

走近鸟类

哺乳动物可以用前肢取食、整理毛发、做窝和抵御敌人等，而鸟类的前肢已经翼化，无法进行这些活动，最后结果是它们的喙接手这些工作。比如，啄木鸟能用喙在树干上啄出洞，还有一些鸟能用喙织巢，所有鸟都能用喙取食和整理羽毛。

鸟喙的形状往往还能反映鸟类的生活习性。鹰的喙强壮钩曲，说明其以较大的动物为食；苍鹭的喙细长尖锐，表示其需从水底捉鱼来吃；鸭喙宽大且边缘生锯齿，便于其滤水……

不同鸟类的舌头形状各不相同，但都很灵活，可以用来取食虫卵、捉虫子、吸花蜜等。

足趾

足趾也经常被人们称为鸟类的脚，并非所有鸟类的足趾数都相同，大部分鸟类有四趾，一些只有三趾，还有一些只有二趾。根据功能的不同，鸟类的脚可分为栖止足、爬抓足和游泳足三类，足趾各有用处。

走近鸟类

栖止足，通常是用来握住树枝的；爬抓足，作用跟人类的脚比较相似，不能把握物品；游泳足，就好像是船桨一样，可以用来划水。

大部分小型鸟类都拥有栖止足，当它们逗留在树上的时候，就会以三趾向前一趾向后握住树枝，且猛禽狩猎时也采用这样的姿势；不过，也有特例，如啄木鸟抓握树木则是二趾向前，另外二趾向后的。

有些生活在地面或水中的鸟类，只要拥有爬抓足就够了。

水鸟则拥有游泳足，趾间有蹼。

鸟类的趾端都长有修长而尖锐的爪，可以为自我保护以及狩猎提供帮助。

鸟翼

鸟翼，通常被人们称为“翅膀”，它们是帮助鸟类飞翔的利器。鸟翼的结构非常巧妙，上面长有长而坚硬的羽毛，当鸟翼展开时，这些羽毛就像一把扇子，推动空气，让鸟类的身体浮在空气中并向前移动。

走近鸟类

鸟翼主要是用来飞行的，如果长期不用就会退化，所以从鸟翼的形状就能判断出各种鸟类的飞行能力。如果鸟翼狭长，则说明其能掠飞急行，而且还能飞得很远，比如燕子。如果鸟翼短而圆，说明这种鸟只能进行短距离的缓慢飞行，比如雉鸡、鹌鹑等。另外，企鹅的鸟翼已经退化成鱼鳍状，不具备飞行能力了。

除了可以用于飞行，鸟翼还是鸟类的自卫武器。如大型鸟类煽动鸟翼时，可以折断树枝等。

鸵鸟的鸟翼较小，已经不具备飞行功能。

尾羽

鸟类在尾椎末端长出一组扇状的正羽，人们通常将其称为尾羽，这就是鸟尾了。尾羽一般是成对的，一般来说有12枚。尾羽展开时就像一把扇子，闭合时相互重叠，中间一对在最上方，各对尾羽的长度不一定相同。

走近鸟类

鸟尾有很多功用，比如可以充当“舵”，改变鸟类的飞行方向，又或者调节飞行的速度。当鸟类需要休息时，尾羽还可以起到平衡躯体的作用。

有些鸟类则通过鸟尾的运动来传达情感，其上下翘动或左右摆动的意思是完全不同的。有些鸟类（多数是雄鸟）还会生长出好看的尾羽，用来吸引异性以及追求配偶。

孔雀“开屏”时所展开的尾屏不是它的尾羽，而是尾上的覆羽，而它真正的尾羽则淡而细小。

消化系统

鸟类的消化能力强。它们有一条长长的食道，食道尽头有一个叫“嗉囊”的器官，食物先在此处润湿和软化，然后才会被送到前胃和砂囊中。

走近鸟类

鸟类没有牙齿，却可以吞食谷粒、坚果等坚硬的食物，这是砂囊的功劳。砂囊有一层厚的肌肉层，鸟类会吞食一些砂石藏在这里，食物被送到这里后，会被肌肉层和砂石运动碾碎。

鸟类的肝、胰等消化腺很发达，它们分泌出胆汁和胰液并将它们注入十二指肠，参与发生在小肠内的消化过程。

值得一提的是，在育雏期间，鸽子的嗉囊壁能分泌“鸽乳”，可以用来喂养雏鸽。

鸟类每天要吃很多东西，但很快又会饿，这不仅因为它们消化能力强，更因为飞行需要消耗很多能量。

排泄系统

任何动物都要进食才能维持生命活动，进食就会产生代谢物，就需要将其排出体外，所以动物都有排泄系统，鸟类也一样。

走近鸟类

如果大家平时有留意，就会发现人们经常会提到“鸟粪”，却从不会说“鸟尿”，这是为什么呢？

事实上，鸟类并不是没有尿，只是尿中的水分比较少。鸟类没有膀胱，所以尿中的水分很少，而呈白色浓糊状，通常是随着粪便一起排出的。这就很容易解释为什么鸟粪总是带水的。

鸟类的肾脏很大，约占其体重的2%，所以新陈代谢速度较快。

呼吸系统

有人或许会问：鸟类拥有出色的双翼和轻质的骨骼就可以在天空飞翔了吗？

当然不是。鸟类之所以能够飞翔，是其身体各部分合作的结果，比如其独特的呼吸系统也是很关键的存在。

走近鸟类

鸟类的胸部肌肉异常发达，与之匹配的是它们的肺。鸟类的肺呈海绵状，并与九个薄壁的气囊相连。当它们翱翔天际时，空气通过鼻孔进入体内，一部分在肺里直接进行碳氧交换；另一部分则存入气囊，然后再经肺排出。如此一来，鸟类吸一口气就能完成两次气体交换，以保证飞行时氧气充足。

这便是鸟类特有的“双重呼吸”功能，是鸟类能够飞行的必要条件之一。

因为呼吸系统比较特别，所以有些鸟类甚至能飞上万米高空。

睡眠

通常情况下，几乎看不到鸟类在睡觉，这是因为它们起得早，而入睡时天已昏暗，人们观察不到。事实上，鸟类当然也需要睡觉，但通常并不睡在鸟巢内，因为鸟巢大多是养育雏鸟用的。

走近鸟类

鸟类用来睡觉的“床”简直是五花八门。黄鸟等小型鸟类喜欢栖息在常绿树的密林中，站在靠近主干旁的树枝上睡觉。有些鸟类则喜欢躲在藤荆或者刺丛中睡觉，以躲避一些野兽的捕杀。如树雀喜欢睡在地穴中，而水鸟可能浮游在水面上入睡。

鸟类似乎不太“认床”，通常在临时住所也能睡得很欢乐。比如，当冬天积雪时，竹鸡喜欢钻进雪堆里睡觉，这可比睡在外面舒服多了。

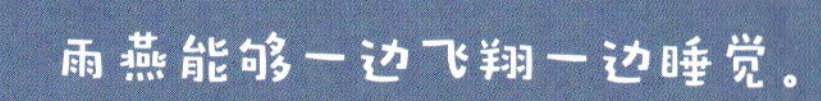

雨燕能够一边飞翔一边睡觉。

营巢

人们都有自己的房子，不管是买的还是租的，都在房子里休息和睡觉，鸟类则拥有自己的巢，但它们营巢并不是为了休息，而是为了生儿育女。

走近鸟类

鸟类喜欢将巢建筑在安全隐僻的地方，如高高的树顶上、被茂密树叶遮挡的树枝上、相对安全的树洞中、不易被发现的杂草丛中……

不同鸟类的营巢方法各不相同，用料也不尽相同。巢的形状也五花八门：有些像大开口的浅碗，有些是深兜形的，有些是篮子形状的，有些则是杯子状的……巢建成后，鸟类便开始产卵繁衍下一代了。

大多数鸟类建一次巢只使用一次，哪怕一年要产卵多次，也会不厌其烦地重新建巢，但鹰、枭等则例外，常会重新修葺旧巢，重新启用。

繁殖

鸟类是卵生动物，性成熟期为 1 ~ 5 年。繁殖期间，多数鸟类都是成对活动的，而这些伴侣中有些是临时结伴的，也有些是结伴多年的。配对成功后，雌鸟和雄鸟交配，然后产卵，再孵化出雏鸟。

走近鸟类

刚出生的雏鸟几乎没有照顾自己的能力，那么，它们是由谁养大的呢？

具体来说，多年生活在一起的雌鸟和雄鸟，家庭关系比较稳定，雏鸟由它们共同哺育长大，如乌鸦。

对于一雄多雌“婚姻关系”的鸟类，多数是由雌鸟负责抚养下一代的，如鸡、鸭等。

而对于一雌多雄“婚姻关系”的鸟类，则由雄鸟育雏，如鸸鹋。

鸟类有求偶行为，而且多数由雄鸟发出，如表现出特种姿态和鸣声，或者长出特殊的羽毛。

迁徙

很多鸟类都有迁徙习惯，即在不同季节更换栖息地区。那些四季都在一个地方生活、繁殖的鸟类被称为“留鸟”，而随着季节变化进行迁徙的鸟类就叫“候鸟”。

走近鸟类

鸟类的迁徙大多有一定的季节性，通常是在春天和秋天这两个季节。

秋来春去的鸟类，通常被称为“冬候鸟”。冬候鸟一般是从营巢地往温暖的越冬地迁徙，比如鸿雁、天鹅、野鸭等就属于这一类。

春来秋走的鸟类，一般被称为“夏候鸟”。夏候鸟一般从越冬地返回营巢地，然后繁殖后代，所以也被称为“繁殖鸟”。秋天，当雏鸟长大后，它们又一起飞回温暖的越冬地过冬。

冬候鸟与夏候鸟这对名称是相对的。比如大雁，它们秋冬飞到我国过冬，被我们称为“冬候鸟”；春夏又飞到西伯利亚一带，被那里的人称为“夏候鸟”。

陆禽

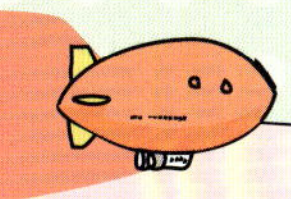

陆禽是主要在地面活动和觅食的鸟类的总称，所有鸡形目和鸽形目的鸟类都属于陆禽。陆禽常年群居生活，主要以植物的叶子、果实及种子等为食，巢建造得较简单。

陆禽体格健壮，翅膀退化，不适合远距离飞行，但腿脚健壮，奔跑速度非常快。它们的喙短钝而坚硬，足趾为钩状，很适合挖土觅食。

相对于其他鸟类，陆禽离人们的生活更近一些。

雉鸡

分类 鸡形目－雉科－雉属

食物 植物叶芽、果实，昆虫等

雉鸡比日常家中驯养的鸡个头稍小，但尾羽却长很多，而且雄鸟的尾羽非常漂亮。雉鸡经常出现在森林边缘的灌木丛、丘陵地带或是农田附近，奔跑速度极快，也善于隐藏。

走近鸟类

雉鸡是一种非常机警的鸟类。由于靠近人类的生活圈，它们对人类的防备心很强，一旦发现人类，就会迅速奔跑起来，躲进附近的丛林或灌木丛。

当情况危急时，它们会考虑飞行，速度很快，但距离不会太远，然后落地前滑翔；落地后，它们会继续奔跑，或者躲藏起来，但不再轻易起飞。

漂亮的羽毛有利于雄雉鸡求偶。

红腹锦鸡

分类 鸡形目－雉科－锦鸡属

食物 植物叶芽、种子，甲虫、蠕虫等

红腹锦鸡是我国特有的鸟类，常出现在海拔 500 ～ 2 500 米的阔叶林、针阔叶混交林和林子边缘的灌木丛。这种鸟喜欢成群活动，有时三十多只聚集在一起，只有到了繁殖季节春夏，才会单独或成对出现。

红腹锦鸡的雄鸟羽毛色彩艳丽、尾羽很长，求偶行为非常有意思。

在繁殖季节里，雄鸟到处寻找伴侣。一旦发现目标，它们会立即向雌鸟走去，一边低鸣一边绕着雌鸟转圈，或者在雌鸟旁边跑来跑去。如果雌鸟并不反感，它们便会站到雌鸟跟前，抖起全身羽毛，并让脖子上的羽毛像扇子一样展开。它们不遗余力地向雌鸟展示自己漂亮的羽毛，表达自己的爱慕之情，直至打动雌鸟。

红腹锦鸡一般在森林里寻找食物，清晨和傍晚（人类活动比较少的时候）会出现在森林边缘或是耕地中，但它们完全不放松警惕，听到声音就会立刻逃跑。

孔雀

分类 鸡形目 – 雉科 – 孔雀属

食物 植物芽苞、嫩叶、果实，昆虫等

大家都知道，孔雀是世界上最好看的鸟类之一，尤其是雄孔雀——它们的羽毛非常华美。由于双翼不发达、羽毛又很重，所以孔雀并不善于飞行。为了生存，它们不得不锻炼足趾，让自己跑得飞快。

走近鸟类

孔雀的尾羽很短，虽然它们“开屏”时展开的似乎是尾羽，可其实那只是鸟尾上的覆羽，竖起时就会形成一个大大的“尾屏”，还能看到一个个耀眼的“眼状斑”。尾屏仅是雄孔雀独有，雌孔雀没有。

雄孔雀开屏主要有两大目的：一是求偶，二是吓退敌人。如果因为这两个原因展屏，它们还常常会抖动尾屏，使自己看起来更动人或更吓人，最终达到目的。

中国神话中经常出现的神鸟“凤凰”，就是以孔雀为原型创造的。

SHANTANU SURYAWANSHI

鸽子

分类 鸽形目 – 鸠鸽科 – 鸽属

食物 谷类为主

鸽子是与人类关系最亲密的鸟类之一，经常有人驯养鸽子。鸽子性格温驯，飞得很快又很远，还能找到回家的路，所以经常被人们训练成信鸽。总之，鸽子很受欢迎。

走近鸟类

鸽子是非常忠诚的鸟类，一对鸽子一旦结为伴侣就会终身厮守在一起，不会再与其他鸽子交配。倘若发生不幸，其中一只死了，另外一只会伤心很久，之后才会重新选择配偶。

当雌鸽产下卵后，一般来说，雌鸽负责夜间孵卵，而雄鸽则负责白天孵卵。就这样日夜交替，直到17天后小鸽子出生。如果到了时间，还没有小鸽子破壳，那么鸽子夫妻就会放弃这些卵，重新筑巢再次产卵。

鸽子不管飞多远都能回家，但人类至今未查明其原因。

鸵鸟

分类 鸵鸟目－鸵鸟科－鸵鸟属

食物 植物，蛇、蜥蜴、昆虫等

鸵鸟是世界上现存的体型最大的鸟类，虽然翅膀退化不能飞，但是奔跑速度极快。鸵鸟可以自我调节体温，异常耐热，能在五十多摄氏度的烈日下觅食，有时甚至几个月不喝水也能生存，所以可以在干旱地区生活。

走近鸟类

鸵鸟是一种喜欢群居的鸟类，通常十几只生活在一起，常在清晨和黄昏时出来活动。它们非常聪明，一起觅食的时候，低头的时间不一样，而抬头时往往会四处张望一下。就这样，它们觅食时，总有“哨兵”在观察附近的情况，能及时发现并通报“敌情”。

鸵鸟的双腿很长又很有力，一步能迈出五米，时速可以达到七十千米。虽然不耐长跑，但这样的速度也足够逃生了。

鸵鸟的婚配方式为一雄多雌，一只雄鸟配三至五只雌鸟，这些雌鸟经常会把卵产在同一个巢内，然后雌鸟和雄鸟轮流孵卵。

鸸鹋

分类 鹤鸵目－鸸鹋科－鸸鹋属

食物 野草、种子，昆虫、小蜥蜴等

鸸鹋是澳大利亚特有的鸟类，个头仅次于鸵鸟，同时长相也与鸵鸟有几分相似。和鸵鸟一样，鸸鹋的翅膀也退化了，不能飞，但奔跑速度很快。同时，它们的水性很好，能从水流湍急的河段安然泅过对岸。

走近鸟类

繁殖季节，雌鸸鹋和雄鸸鹋交配后就开始产卵，约产完七枚卵后，雄鸸鹋便开始孵卵。从这时起，雄鸸鹋不再和雌鸸鹋交配，也不吃东西，每天只喝一点儿晨露，直到两个月后小鸸鹋出生。至于雌鸸鹋，它们会选择与其他雄鸸鹋交配。鸸鹋出生后，又是雄鸸鹋负责喂养子女，时间长达两年，之后才和子女分开。可以说，雄鸸鹋是鸟类中父亲的表率了。

天气炎热时，鸸鹋只要伸出舌头急促呼吸，让蒸发的水汽带走热量，再适当补充水分，就能降温了。

几维鸟

分类 无翼鸟目－无翼鸟科－无翼鸟属

食物 各种虫子、虾等

几维鸟是世界上唯一幸存的无翼鸟类，翅膀完全退化并被羽毛覆盖，无法飞行，但腿脚粗壮有力，跑得飞快。它们的嗅觉十分灵敏，能闻到地下十几厘米处虫子的味道。

走近鸟类

几维鸟胆小谨慎，它们挖好洞穴以后不会直接入住，而是等洞口重新长出植物并能遮洞穴后，才会搬入其中。几维鸟白天几乎都躲在洞穴中，直到晚上才出来活动。它们的喙很长，经常用来充当“第三只脚”。

几维鸟的数量并不多，这可能与它们生殖能力较弱有关，雌鸟一般每年产卵一次，而且每次只有一至二枚。

几维鸟的经常发出“Keee-Weee”的尖锐叫声，所以当地人便称之为“kiwi”，即“几维”。

游禽

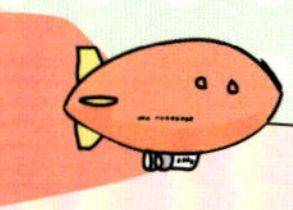

游禽是一种能在水中游泳并能潜水捕食的鸟类。它们喜欢在水上生活，双腿位置从身体中央到偏于体后，双腿位置越靠身体后部的潜水能力越强、潜水深度越深，越靠前的则越不善潜水。由于需要适应游泳，所以它们的足趾间都长有肉质的脚蹼。

游禽的羽毛厚而密，绒羽发达，保暖性很好，而且多数游禽的羽毛具有防水功能——这些都有利于它们在水下活动。

帝企鹅

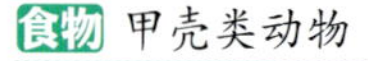

分类 企鹅目 - 企鹅科 - 王企鹅属

食物 甲壳类动物

帝企鹅是企鹅中体型最大的一种，身高可以达到一百二十厘米。帝企鹅生活在极寒的南极地区，是世界上最不怕冷的鸟类之一，而这全都得倚赖其身上厚厚的羽毛以及很厚的皮下脂肪。

走近鸟类

和所有企鹅一样，帝企鹅的翅膀严重退化，身体又十分肥胖，所以它们既不能飞行，也跑不快。虽然如此，但它们的双足长蹼，翅膀也如船桨一般，因此在水中能够游刃有余，即使在冰面上遇到敌人也不怕，它们会一改平时笨拙的样子，面向冰面躺下，把肚子贴在冰面上并以双足推着身体快速向前滑行，速度极快。

帝企鹅潜水能力极强，能在水下待一个小时。

帝企鹅的雄鸟把卵放在自己的脚面上孵化，小帝企鹅出生后也会跟爸爸一起生活一段时间。

大雁

分类 雁形目－鸭科－雁属

食物 野草、谷物、螺、虾等

大雁是一种大型候鸟，通常栖息于水边或沼泽地里。每年一入秋就会有大批大雁从西伯利亚飞来我国过冬，待春暖花开时再离去，年年如此，十分守时，所以大雁被人们称为“信鸟”。

走近鸟类

鸟类迁徙的时候都是成群结队活动的，这样有利于御敌，更加安全，大雁也不例外。迁徙的雁群最少也有几十只大雁，多的甚至能有数千只。迁徙时，雁群往往列队飞行，这便是人们看到的“雁阵”。雁阵由头雁带领，不时变换队形，而头雁也会不停更换——因为头雁在前开路，最需要消耗体力。每次迁徙，它们需要一至两个月的时间，十分漫长。

在中国古代，男女结婚需要男方以大雁为聘礼。这是因为大雁被视为忠贞之鸟，一对大雁一旦成为伴侣就会终身厮守。

鸳鸯

分类 雁形目－鸭科－鸳鸯属

食物 青草、苔藓，昆虫、鱼、虾等

鸳鸯是一种中型鸭类动物，体重约五百克，雄鸟的羽毛色彩鲜艳而华丽，雌鸟的羽毛则以单调的灰褐色为主，所以雄鸟要比雌鸟好看很多。

走近鸟类

人们以为鸳鸯是成对活动的，其实它们更喜欢成群活动，一般二十几只一起栖息于林间及其附近的溪流、沼泽地等处。迁徙时，更是成群结队地一起活动，有时甚至可达上百只。

鸳鸯非常机敏，它们每次捕食结束返回时，总会先派两只鸳鸯在栖身处上方盘旋侦察，确保没有异常才会落下休息。一旦发现危险，两只先遣的“侦察员”便会发出警报，通知大家迅速撤离。

鸳鸯只在交配季节临时组建家庭，并不总是一对鸳鸯终生生活在一起。

鹈鹕

 鹈形目－鹈鹕科－鹈鹕属

食物 鱼

鹈鹕是一种很擅长游泳的鸟类，时常成群结队地俯冲入水中捕食鱼类。它们长着又长又大的喙，喙下方还有一个喉囊，十分奇特。

走近鸟类

鹈鹕的喉囊便是它们的“捕鱼网”。捕食的时候，鹈鹕先潜入水中把鱼和水一起吞进喉囊，然后再浮出水面，收缩喉囊挤出水，吞食鲜美的鱼。有意思的是，每当它们捕鱼出水的时候，总是先露出尾部，后露出喙，这都是因为喉囊装满鱼后比较重的缘故。只有吐出水后，鹈鹕才能再次飞起来。

鹈鹕有集体捕食的习惯。

鸬鹚

分类 鲣鸟目 – 鸬鹚科 – 鸬鹚属

食物 鱼、甲壳类动物

鸬鹚是一种擅长潜水捉鱼的鸟类，身体呈流线型，能潜入很深的水中，但它们却更喜欢在浅水区捕食。这种鸟类对水的依赖性很强，除非是迁徙期间，否则它们一般不会离开平时生活的水域。

鸬鹚主要以鱼或甲壳类动物为食，并且非常善于捕猎。捕猎的时候，它们先将头部潜入水中，再借助敏锐的听觉找到猎物的位置，然后调动翅膀、蹼等悄无声息地靠近猎物，最后迅速伸出脖子擒住猎物。

鸬鹚捕捉到猎物后，不会马上吃，而先上岸再享用美食。古时候，渔民便利用鸬鹚的这种习性，把它们训练成捕鱼帮手，“鱼鹰”的名称便由此而来。

鸬鹚通常把巢建在湖边、河岸边或沼泽中的树上，有时也会建在临水的岩石上等处。

漂泊信天翁

分类 鹱形目－信天翁科－信天翁属

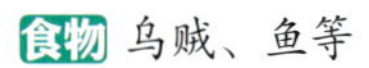

食物 乌贼、鱼等

漂泊信天翁因一生几乎都在海上漂泊而得名。它们的双翼展开后长度可达约 4 米。利用巨大的双翼，它们能非常省事地利用海面上空的气流滑翔，每下降一米可以向前滑翔 22 米，甚至好几个小时都不用挥动翅膀。

走近鸟类

漂泊信天翁一般 6 ~ 7 岁时才成年，而在此之前它们需要掌握求爱舞蹈。这样，当它们成年以后，才能获得异性的青睐。一般来说，雄鸟遇到心仪的雌鸟时，就会立刻展开双翅跳起舞来，并且一边鸣叫一边用喙触碰对方的喙，直到与其结成伴侣。

漂泊信天翁一旦结成伴侣，就会长久生活在一起。通常，雌鸟在每个繁殖季节只能产卵一枚。

漂泊信天翁的左脑和右脑是分开工作的，可以交替休息，所以它们可以一边飞行一边睡觉。

北极燕鸥

分类 鸻形目－鸥科－燕鸥属

食物 鱼、甲壳动物等

北极燕鸥是世界上迁徙路线最长的一种候鸟，其迁徙路程最长可达4万千米。每年入冬前，它们从北极飞到南极过冬；待南极入秋后，它们又飞回北极繁殖。

走近鸟类

据说，北极燕鸥迁徙时每天能飞240千米，耐力非常好。它们的身体也非常适合飞行，双翼又窄又长，飞行时能获得很大的浮力——至少比大多数鸟类都要大；同时，它们身体轻巧、矫健有力，十分有利于飞行。

在北极燕鸥种群里，雄鸟捕食能力的强弱直接关系到它是否能获得稳定的家庭关系。一般来说，雌鸟负责产卵、孵卵，雄鸟负责捕食。如果雄鸟的捕食能力弱，随时可能被雌鸟抛弃。

北极燕鸥非常好斗，
哪怕是貂、狐狸、北极熊，
见到它们也会尽量避开。

潜鸟

分类 潜鸟目－潜鸟科－潜鸟属

食物 鱼、虾等

潜鸟属于水栖性鸟类，是游泳和潜水的好手，但在陆地上行走时却步履蹒跚，还有些滑稽——仿佛肚子贴着地面爬行。

走近鸟类

潜鸟的喙细长锋利，是用来捉鱼的重要工具，同时也是它们的自我保护工具。潜鸟的喙甚至能对狐狸、幼熊等造成伤害。

潜鸟的鸣叫声非常奇特，有时能发出怪异的悲鸣声，甚至还能发出高亢的类似人的怪笑声。不同的鸣叫声具有不同的意义，有些鸣叫声预示着天气的变化。

潜鸟身上有一个区域的体温要高于其他部位，这个区域的被称为“热区”，是孵卵用的。

涉禽

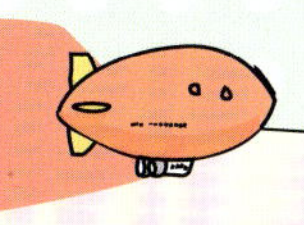

涉禽是指那些适应在沼泽和水边生活的鸟类，它们通常喙长、颈长、腿长，擅长涉水行走，但不擅长游泳。休息时，涉禽常用一条腿站立，而食物则大多从水底、污泥中或地面上获得。对于涉禽而言，获得食物并不是困难的事情，因为它们生活的湿地资源十分丰富。

涉禽体型悬殊，但大多喜欢集群生活，有些甚至有混群、集群营巢的行为，这使它们更容易存活下来。

丹顶鹤

分类 鹤形目 – 鹤科 – 鹤科

食物 小型水生动物及水生植物等

丹顶鹤身长120 ~ 150厘米，是一种大型涉禽，因头顶上有一个鲜红的肉冠而得名。有人以为丹顶鹤的尾羽是黑色的，可其实黑色羽毛是它们双翼上的三级飞羽，因双翼收拢时盖在尾部上，所以呈现出这一假象。

走近鸟类

由于丹顶鹤拥有长长的脖子，而长长的脖子导致它们的鸣管长约1米，鸣管末端盘曲于胸骨之间，因此能发出洪亮而高亢的鸣叫声。丹顶鹤可以用鸣叫声和同伴交流或求偶。

丹顶鹤还热爱跳舞，它们舞姿优美，舞蹈动作变化多端。不同的舞蹈也代表不同的意思，有些代表求偶，有些意味着示好，有些则代表恐吓，而有些只是为了自娱自乐。

丹顶鹤通常成对或以家族群或小群形式活动，冬季和迁徙季节则由数个或数十个家族群结成较大的群，但在一定区域内仍分散成小群或家族群活动。

黑颈鹤

分类 鹤形目－鹤科－鹤属

食物 植物、昆虫、鱼类等

黑颈鹤是唯一一种生活在高原上的鹤类，主要分布在我国的青藏高原、云贵高原以及印度东北部地区。通常，它们喜欢在沼泽、收割后的农田、向阳的山坡处觅食，有时会跟在牛群后面，用长长的喙啄食牛粪中的寄生虫。

走近鸟类

黑颈鹤是一种候鸟，每年秋天成群结队地南飞。队伍中有成年黑颈鹤，也有雏鸟。它们飞行的队形跟大雁的很相似，一会儿排成“一”字形，一会儿排成“人”字形。抵达目的地后，黑颈鹤不会兴奋地一起往下俯冲，而是选择在空中盘旋侦察，确保没有危险才缓慢下落。

刚孵化出的黑颈鹤雏鸟好斗而且残忍，家族中的弱者经常被淘汰，3天内的成活率只有60%。一个多月后，雏鸟这种斗殴行为才会逐渐消失。

火烈鸟

分类 红鹳目－红鹳科

食物 小虾、蛤蜊、昆虫、藻类等

火烈鸟浑身的羽毛呈粉红色，而且身姿优美。它们主要在热带或亚热带的盐湖水滨、咸水湖沼泽地带及潟潟湖附近生活、繁殖，但由于栖息地不断被人类侵蚀，它们的生存受到了很大的威胁。

走近鸟类

火烈鸟的羽毛呈现出的颜色不是天生的，实际上它们原本长着一身洁白的羽毛。由于长年累月以富含虾青素的螺旋藻及其他浮游生物为食，因此虾青素在它们体内和羽毛中大量累积，从而使羽毛呈现出粉红色甚至偏红色。

火烈鸟很聪明，捕食的时候会先把河水搅浑，然后再低头，从浑浊的水中获取食物。它们的喙能过滤掉水和不能吃的杂物，然后慢慢吞下食物。

火烈鸟非常胆小，所以喜欢群居，一个栖息地中有上万只火烈鸟也并不稀奇。

苍鹭

分类 鹳形目－鹭科－鹭属

食物 小型鱼类、泥鳅、虾等

苍鹭在亚洲、非洲和欧洲地区的湿地中比较常见。它们不喜群居，经常独自行走在水边浅水处或单脚立于水边，显得有些孤傲。飞行时，苍鹭脖颈缩成“Z”字形，很容易辨认。

走近鸟类

苍鹭主要以水下的小动物或是蛙、蜥蜴等为食物，捕猎时多采取“守株待兔”的方法，常能立在水边一动不动数个小时，就为了等待猎物自己送上门来。为此，人们送苍鹭一个外号，叫“长脖老等”。一旦目标出现，苍鹭便能以迅雷不及掩耳之势出击。

繁殖期间，雌鸟和雄鸟会合作筑巢，雄苍鹭负责衔回筑巢用的树枝、枯草、芦苇等，而雌苍鹭则负责搭建，它们配合得十分默契。

苍鹭的巢一般建在湿地附近的草丛、芦苇丛中或树上等较为隐蔽的位置。

牛背鹭

分类 鹳形目－鹭科－牛背鹭属

食物 昆虫

牛背鹭主要栖息在牧场、山脚平原、湖泊、水库、池塘、田地和沼泽中。它们经常停伫在水牛背上，捕食水牛翻耕时惊飞的昆虫。

走近鸟类

牛背鹭虽然不太挑食，各种昆虫都可以吃，但由于昆虫个头比较小，不容易吃饱，所以很多雏鸟都会被饿死。

牛背鹭不仅生活习惯跟其他涉禽不太一样，外形也跟其他涉禽颇为不同，如体型较胖，脖子也不如其他鹭类长。每当飞起来的时候，它们的头部往后缩，颈部向下突出，远远看去就像一个驼背的人。

牛背鹭整天跟在水牛身后，十分安静，只有回到栖息地后才会发出鸣叫声。

蛎鹬

分类 鸻形目－蛎鹬科－蛎鹬属

食物 软体动物、甲壳类动物或蠕虫

蛎鹬是一种生活在热带与亚热带沿海地区的涉禽，人们通常在这些地区的海滩、沙洲、河口、沼泽等处见到它们。

走近鸟类

蛎鹬常常守在水边，等潮水退去的时候，抓紧时间捕食留在岸边的猎物。它们长长的喙非常锋利，能像刀子一样插入贝壳内，吃到里面的贝肉或者躲在其中的螃蟹。

蛎鹬一般独来独往，偶尔也会结成小群在海滩上觅食。在越冬期间，它们通常会用歌声或舞蹈与同伴交流，或是以此宣告领域主权和主导地位。

如果入侵者接近巢穴，蛎鹬就会在空中盘旋嘶鸣或假装受伤坠地，吸引入侵者的注意力，以此来保护巢中的雏鸟。

矶鹬

分类 鸻形目 – 鹬科 – 鹬属

食物 昆虫、小鱼、螺、蠕虫等动物

矶鹬是一种具有迁徙习惯的涉禽，冬季到南方过冬，春季回北方繁殖。这种鸟类通常喜欢单独或成对活动，有时候也会结成小群。矶鹬多出现在多沙石的浅水河滩、水中沙滩或江心小岛上，偶尔在湖泊、水库或沼泽等地也能见到。

走近鸟类

矶鹬有争偶行为，繁殖期间，雄鸟之间经常会因为争夺爱侣而斗殴，以喙和翅膀为武器，直到分出胜负。

孵卵期间，雌鸟坐在窝里，而雄鸟则会在十米外站岗放哨。一旦发现入侵者，雄鸟就会立刻飞到对方上空，用鸣叫声来驱赶敌人。雌鸟偶尔离巢活动时，不会从巢中飞出，而是走到巢外才起飞，回来时也是先落在十米开外的地方，见四周安全才回巢。

矶鹬雏鸟孵化出来一天后便能行走和奔跑。若有危险，它们会逃离巢，躲藏在附近的草丛中或石头下，等到危险解除后再回来。

攀禽

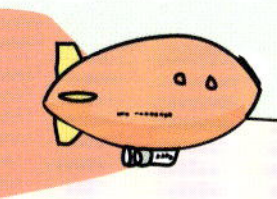

攀禽的攀缘本领很强，它们可以凭借强健的脚趾和挺直的尾羽，让自己稳稳地贴在树干上。事实上，攀禽最大的特点就是两个脚趾向前、两个脚趾向后，这样的结构非常适合它们攀缘树木。

攀禽主要栖息在有茂密树林的平原、山地或丘陵以及悬崖附近，也有一些生活在水边，这完全根据它们以什么为食而定。

啄木鸟

分类 鴷形目－啄木鸟科－啄木鸟属

食物 天牛、透翅蛾、蝽虫等

啄木鸟是一种益鸟，它们每天在树林中寻找有害虫的树干，找到以后就攀在树干上，消灭躲在树皮下的害虫，因此有“森林医生”的美称。啄木鸟分布广发，几乎全世界都有。

走近鸟类

啄木鸟不仅是“深林医生”，更是“森林卫士”，因为它们不仅能找到并消灭害虫，更重要的是食量非常大。据统计，一只啄木鸟每天可以吃掉1500条害虫，一对啄木鸟就能守护一片不大的森林。

啄木鸟捕食的时候，先用凿子一般的喙找到害虫的藏身之处，然后伸出舌头迅速卷走害虫。它们的舌头细长、柔软且能伸缩自如，舌尖上有倒钩和黏液，能稳稳地控制住害虫。

啄木鸟的头骨及脑部其他组织都有减振作用。

巨嘴鸟

分类 鴷形目－巨嘴鸟科－巨嘴鸟属

食物 果实、种子、昆虫、鸟卵等

顾名思义，巨嘴鸟就是一种长着惊人大喙的鸟类。其主要生活在南美洲和中美洲地区，除了拥有一个巨大且颜色鲜艳的喙外，它们的羽毛也十分漂亮。

走近鸟类

巨嘴鸟的喙里面是空心的，只有一些起支架作用的骨质，外面裹着一层轻而薄的角质鞘，所以非常轻，不用担心它们的脖子扛不动喙。

巨嘴鸟最喜欢吃植物的果实，吃完果肉部分后，有些种子被它们随地吐出，有些种子则被巨嘴鸟带到了很远的地方，然后在新的地方发芽、生根。种子就这样被传播到了很远的地方。

有些人会把巨嘴鸟眼睛周围的蓝色眼圈当成巨嘴鸟的眼睛，可其实那不过是巨嘴鸟的眼圈。

布谷鸟

分类 鹃形目－杜鹃科－杜鹃属

食物 松毛虫、蜘蛛、螺等

布谷鸟中文学名叫大杜鹃，每年春天繁殖季节到来时，它们会发出“布谷，布谷”的叫声，所以民间多称呼它们为“布谷鸟”。同时，这个时期正适合播种粮食，所以人们也视它们为督促农民播种粮食的监督员。

走近鸟类

布谷鸟从不筑巢，它们会将卵产到大苇莺、灰喜鹊、麻雀等鸟类的巢中。它们先将自己的卵小心翼翼地放入对方巢中，再叼走或推出原本巢中的一枚卵，然后悄悄飞走。由于这些鸟类的卵和布谷鸟的卵外观很相似，而且数量也没有变化，因此它们也不会产生怀疑，它们就会好好地将布谷鸟的卵孵化出来了。

寄养在别的鸟巢中的布谷鸟卵一般会较早孵化，竞争力比巢中其他雏鸟都要强，活下来的概率很高。

布谷鸟是捕虫能手，每小时可以消灭一百多条松毛虫。

金刚鹦鹉

分类 鹦形目－鹦鹉科－金刚鹦鹉族

食物 浆果、种子、蔬菜等

金刚鹦鹉是鹦鹉中的大个子，身上的羽毛色彩丰富，非常漂亮。它们十分聪明，能够学会很多技能，甚至可以模仿人声或动物叫声，非常有趣。

走近鸟类

金刚鹦鹉的食谱中有一些外皮异常坚硬的果实，有些甚至是人们用锤子也不容易砸开的，它们却只利用自己的足趾和喙就能啄开这层外皮，然后吃到里面的种子。

金刚鹦鹉吃下有毒的果实或花朵后，会再啄食一些土块，因为土块中含有特别的矿物质，可以中和毒性，令它们“百毒不侵”。

金刚鹦鹉的眼睛长在头部两侧，能看到很远处的东西，却看不清眼前的东西。如果它们想看清楚，就得歪头用一只眼睛看。

夜鹰

分类 夜鹰目－夜鹰科－夜鹰属

食物 飞虫等

夜鹰是一种夜行鸟类，白天栖息在树枝间、草地上或是洞穴中，到了夜里就到处捕虫。它们长着很大的喙，又大又亮的眼睛，飞行时悄无声息，捕虫手段非常高明。

走近鸟类

夜鹰也被称为蚊母鸟，因为它们尤其擅长捕食蚊子等有害昆虫。夜鹰捕食的方式很简单：张开喙往前飞，一边飞一边吞猎物。它们的喙很大，就像渔网撒入水中，只要猎物出现在附近，就一定能捉住。夜鹰的喙两侧都长有硬须，也可以帮忙“黏住”一些猎物。

夜鹰比较懒，不会花时间筑巢，只会把卵产在岩石上、地面上或野草丛中。

夜鹰没有华丽的羽毛，但是它们的羽毛颜色却往往跟生活地区的树皮颜色很像，隐藏起来很难被发现。

蜂鸟

分类 蜂鸟目－蜂鸟科

食物 花蜜

蜂鸟是世界上体型最小的鸟类之一，其最大的特征是双翅拍打速度快而且持久，从而使它们能像直升机一样悬停在空中，看上去十分有趣。

走近鸟类

蜂鸟以花蜜为食，它们的喙就像针一样细长，舌头就像一根细线一样。采蜜时，蜂鸟可以直接把喙探进花朵内，然后用舌头吮吸花蜜。由于不停拍动翅膀，它们每日的能量消耗很大，需要大量吸食花蜜才能满足身体需求。

到了晚上，由于缺少食物，蜂鸟便会降低呼吸频率和心跳速度，静静地“蛰伏”，以保存体力。

蜂鸟的飞行技能非常纯熟，
能倒着飞，还能横向左右飞。

犀鸟

分类 犀鸟目－犀鸟科－犀鸟属

食物 水果、昆虫、老鼠等

犀鸟是一种体型较大的珍贵鸟类，长着很大的喙，有些种类的犀鸟额头上还生长着一块铜盔状的突起，就像犀牛长角那样。这种鸟类多分布在亚洲南部和非洲地区。

春天，犀鸟开始繁殖，它们会在高大树木的洞穴中用朽木和羽毛布置后才产卵。当雌鸟产完卵并准备正式孵卵时，雄鸟就会衔来树枝、树叶和泥土等，而雌鸟则吐出大量的黏液，把雄鸟带回来的杂物混匀了，封住树洞，留下一个仅够雌鸟探出头的小洞。从这时起，雌鸟专心孵卵，而雄鸟则出去寻找食物，直到雏鸟出生才会打开洞口。这种办法有效保护了雏鸟不受伤害，大大提高了繁殖率。

犀牛额上的突起被称为“盔突”，为海绵状结构，很轻。

猛禽

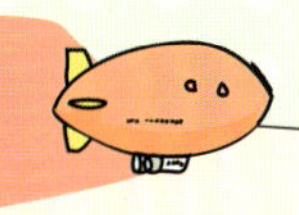

猛禽，即具有掠食性的鸟类，如鹰、隼、鹫、雕等，所有的隼形目和鸮形目鸟类都属于猛禽。从种群个体数量来说，猛禽中任何一种的个体数量都比其他类群少很多，但却一直处于食物链顶端。

猛禽有其独特的优势，如它们拥有强大而有力的翅膀，拥有弯曲锐利的喙和足趾，拥有敏锐的眼睛，这一切让它们具备了掠食的资本——速度快、有力量、眼神好。所以，猛禽总能很快捕捉到猎物并可全身而退。

游隼

分类 隼形目－隼科－隼属

食物 小型鸟类、鼠、兔等

游隼是一种中型猛禽，叫声尖锐，喜欢独来独往并翱翔于天际。这种鸟类具有很强的领域意识，通常选择在河谷悬岩或峡谷峭壁等险峻之处筑巢产卵，以保护卵或雏鸟不受伤害。

走近鸟类

作为一种猛禽，游隼是如何捕食的呢？第一步，游隼会在空中飞翔巡猎，远远瞧见猎物后再迅速爬升，并且以每秒 75 ~ 100 米的速度直扑猎物。第二步，游隼一边用尖利的喙死死咬住猎物的后枕要害，一边用有力的足趾拍打猎物，直至猎物丧失反抗和逃跑之力。这时候，游隼才会松一口气，抓走猎物，将其带到隐蔽处，撕成小块慢慢吞食。

小游隼羽翼丰满后，游隼夫妻会先抓来猎物，再故意放走，让小游隼练习捕猎，而它们则在一旁监督指导。

苍鹰

分类 隼形目－鹰科－鹰属

食物 鼠、野兔、雉等

苍鹰是一种非常机警而又善于隐藏的猛禽。它们善于飞翔，视力极佳，叫声尖锐而洪亮，喜欢白天活动。苍鹰分布范围较广，常见于北半球的温带和寒带森林中。

走近鸟类

苍鹰飞行能力很强，但并不愿意在空中寻觅食物，而是喜欢躲藏在树枝间，用锐利的双眼窥视一切，等猎物进入视线便立即猛扑上去。

苍鹰猎杀猎物的手法血腥而残忍，它们先伸出一个足趾刺穿猎物的胸膛，不让猎物有逃跑的可能，再伸出另一个足趾剖开猎物的肚子，吃掉内脏。最后，它们带着猎物的尸体回到栖息地慢慢享用。

繁殖期间，雌苍鹰负责产卵、孵卵，几乎不离巢，而雄苍鹰负责捕猎和警戒。

鹗

分类 隼形目－鹗科－鹗属

食物 鱼、蛙、蜥蜴、小型鸟类等

鹗是一种中型猛禽，擅长捕猎鱼类，因此又被称为“鱼鹰”。这种鸟类飞翔时两翅狭长，不能伸直，翼角向后弯曲成一定的角度，经常盘旋在水面上，伺机捕猎。

走近鸟类

鹗一般栖息于湖泊、溪流、海岸等近水地带，尤其对林间河谷、溪涧等情有独钟，因为这些地方方便它们获取食物。

鹗经常在水面上空盘旋翱翔，盯着水下的鱼，一发现就立即俯冲到水面，有时甚至潜入水下，伸出足趾抓起鱼就腾空飞走。鹗不会在空中享受美食，通常先将猎物带到岩石上、树上等处再慢慢吃掉。

鹗的巢直径可达两米，建造起来并不容易，所以只要还能继续用，它们就不会重新建巢，而是每年修补旧巢继续使用。

蛇鹫

分类 隼形目 – 蛇鹫科 – 蛇鹫属

食物 蛇、大型昆虫、小型哺乳动物

蛇鹫是一种体型似鹤的猛禽，拥有一双长腿，相对于飞，它们更乐意在地上奔跑行走。因头上有黑色冠羽，如耳后带笔的秘书，所以人们也称它们为“秘书鸟”。

走近鸟类

捕猎的时候，蛇鹫喜欢将猎物摔死再吃。

蛇鹫见到蛇后，会在其周围不断徘徊挑衅，由于蛇鹫小腿和足趾上都长满厚厚的角质鳞片，蛇的进攻往往白费力气。等到蛇终于筋疲力尽了，蛇鹫才用足趾刺穿其要害。蛇鹫的足趾虽然纤细，但却十分有力，踢、刺都能重伤对手。

每到繁殖季，雄蛇鹫就会展现超强的飞翔技巧，以极惊险的姿势在空中上下翻飞。

白头海雕

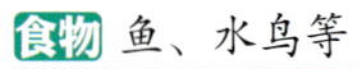

分类 隼形目－鹰科－海雕属

食物 鱼、水鸟等

白头海雕是一种大型猛禽，成年后头部羽毛变为白色，所以被人们冠以“白头海雕”之名。它们的喙和足趾锋利，性情凶猛，捉到猎物后，足趾直扎猎物要害，使其无法反抗。

走近鸟类

白头海雕雏鸟羽毛通体是深棕色的，偶尔才有一些白毛。直至4～6岁，它们的头部、颈部和尾部的羽毛才会逐渐变白。

白头海雕十分爱护自己的羽毛，由于尾部有一个能分泌油状液体的腺体，它们每天都要花大量时间用这种液体涂抹羽毛，让羽毛更柔顺、更防水。这样，白头海雕入水捕鱼的时候，羽毛就不容易被打湿了。

由于足趾底部粗糙，所以哪怕是大马哈鱼这样个头比较大、身体又滑溜的鱼，白头海雕也能牢牢钳制住。

猫头鹰

分类 鸮形目

食物 老鼠、昆虫、鸟类、蜥蜴、鱼等

猫头鹰是一种夜行性的鸟类，喜欢夜里出来捕食。猫头鹰的喙很短，但是坚硬而且锐利，头部正面的羽毛排列成面盘，似猫，所以被称为“猫头鹰”。

走近鸟类

因为需要在夜晚活动，所以猫头鹰需要适应弱光环境。由于瞳孔很大，它们能接收更多光线；特殊的眼球构造帮助它们更好地感应到微弱光线。有意思的是，猫头鹰的眼睛只能往前看而无法斜视，所以为了看清周围的情况，它们只能转动脖颈——可旋转270°。

猫头鹰捉到猎物后，习惯将其整个吞下，利用嗉囊消化肉等，然后再将不能消化的羽毛、骨头、甲壳集合成小团的“食丸”吐出。

鸣禽

鸣禽是善于鸣叫的一种鸟类，由于能发出婉转动听的鸣声，因此被称为“鸣禽”。在所有鸟类中，鸣禽数量最多，分布极广，能适应各种生存环境。虽然各类鸣禽之间差异明显，但也有共通之处。例如，它们大多体型小、活动灵巧、喙小而强、足趾较短而强。

鸣禽多以昆虫为食，能消灭多种害虫，对人类而言，它们是益鸟。

麻雀

分类 雀形目 – 文鸟科 – 麻雀属

食物 以谷物为主

麻雀是一种与人类关系较为密切的鸟类，它们喜欢与人为邻，同时又非常机警。麻雀的翅膀短而圆，不适合长途飞行，喜欢在地面上活动。

走近鸟类

麻雀是一种“恩怨分明”的鸟类，会记得帮助过它们的朋友，并且会在此后很长一段时间内对其表现得很亲近。如果遇到的是敌人，它们也会毫不犹豫地召唤同伴来一起将其赶走。

麻雀平时以谷物为食，但到了繁殖季节也会吃害虫。

百灵鸟

分类 雀形目－百灵科－百灵属

食物 昆虫、草芽、草籽和谷物等

百灵鸟的鸣叫声悦耳动听，因此被人们誉为“草原歌唱家”，它们的栖息地就是辽阔的大草原，那里有丰富的食物供它们食用。百灵鸟常常在草原上空一边飞翔一边鸣叫。

走近鸟类

许多鸟类只能发出单个音节，但百灵鸟却能将多个音节串联起来，十分神奇，而且它们还“能歌善舞”，唱歌时也常常展翅而舞。

百灵鸟的洗澡的方式是在沙地上蹭来蹭去，用沙子来梳洗身上的毛发。

家燕

分类 雀形目－燕科－燕属

食物 昆虫

家燕是一种常见的鸣禽，喜欢与人为伴，通常会选择在村庄附近的田野、河岸、树枝或电线杆上栖息，甚至经常把巢安在屋檐下。人们也非常喜欢家燕。

走近鸟类

家燕绝对是鸟类中的飞行表演家，它们飞行时的姿态轻盈敏捷又健美有力。它们时而如老鹰一般在高空翱翔，时而贴着水面一掠而过，忽高忽低，没有明确的方向。

家燕筑巢非常讲究，先衔来泥、麻、线等物，再加上自己的唾液，做成小泥丸，然后用它们筑巢。

喜鹊

分类 雀形目－鸦科－鹊属

食物 种子、果实，昆虫、蛙、雏鸟、鸟卵等

喜鹊是一种很常见的鸟类，鸣叫声单调却很响亮，不怕人，经常在人类居住地附近出现。

走近鸟类

喜鹊很亲近人类，甚至很放心地把巢建在民居附近的大树上。喜鹊的警惕性非常高，不管是成对活动，还是三五成群觅食，始终都有一只喜鹊负责警戒，只要它发出警示，其他喜鹊就会果断飞起逃走。

民间常有“喜鹊报喜”之说，
所以人们都很喜欢这种鸟类。

图书在版编目（CIP）数据

认鸟类 / 新华美誉编著 . -- 北京 : 北京理工大学出版社 , 2021.8
（童眼看世界）
ISBN 978-7-5763-0015-4

Ⅰ . ①认… Ⅱ . ①新… Ⅲ . ①鸟类－儿童读物 Ⅳ .
① Q959.7-49

中国版本图书馆 CIP 数据核字 (2021) 第 136510 号

出版发行 / 北京理工大学出版社有限责任公司
社　　址 / 北京市海淀区中关村南大街 5 号
邮　　编 / 100081
电　　话 /（010）68914775（总编室）
（010）82562903（教材售后服务热线）
（010）68944723（其他图书服务热线）
网　　址 / http://www.bitpress.com.cn
经　　销 / 全国各地新华书店
印　　刷 / 天津融正印刷有限公司
开　　本 / 850 毫米 × 1168 毫米　1/32
印　　张 / 16
字　　数 / 240 千字
版　　次 / 2021 年 9 月第 1 版　　2021 年 9 月第 1 次印刷
定　　价 / 80.00 元（全四册）

责任编辑：封　雪
文案编辑：毛慧佳
责任校对：刘亚男
责任印制：施胜娟

认昆虫

北京理工大学出版社
BEIJING INSTITUTE OF TECHNOLOGY PRESS

写给小读者

昆虫是世界上数量最多的动物群体，不仅种类多，数量也极为庞大，只因为它们个头很小，往往不容易引起人们的关注。可只要稍微关注一下就会发现，人们几乎每天都不可避免地要跟昆虫打交道，因为它们遍布世界的每一个角落。

夏天的蚊子，垃圾堆旁的苍蝇，厨房里的蟑螂，墙角的蚂蚁，花丛中的蝴蝶和蜜蜂……各种各样的昆虫，构成了大自然的一部分，有些会危害动植物健康，而有些则可以分解有机物，成为大自然的清洁工。了解各种昆虫和它们的一切，将有助于人们了解这个世界。

目录

什么是昆虫

甲虫类

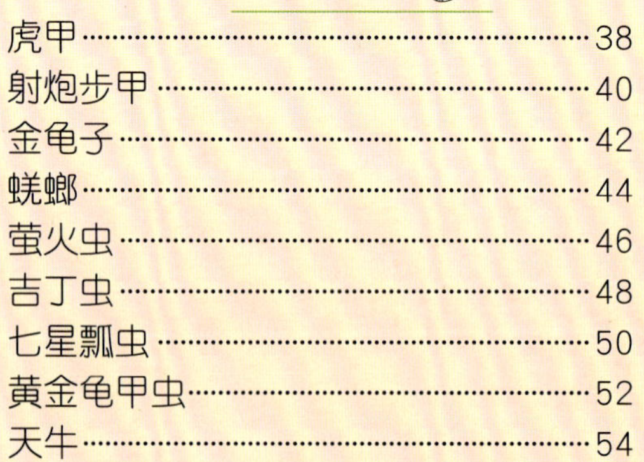

蝶蛾类

其他常见昆虫

非昆虫类的“虫子”

什么是昆虫

很多人认为，只要是个头小小的、能爬的动物就是昆虫，比如蜘蛛、蝎子、蜈蚣等。可其实，蜘蛛等只能被称为虫子，而不是生物学意义上的“昆虫”。

那么，该如何辨别昆虫呢？昆虫有哪些特性呢？昆虫对世界有什么影响呢？想了解这一切吗？那么，请认真阅读本文。

昆虫的数量

昆虫种类繁多、形态各异，是世界上数量最多的动物群体，踪迹遍布世界各地。那么，世界上具体有多少种昆虫，每种昆虫又大概有多少数量呢？

昆虫趣闻

经过近年来的研究，科学家们预估世界上大约有1 000万种昆虫，约占所有生物种类(包括细菌、真菌、病毒)的50%甚至更多。直到21世纪，人们已知的昆虫有100多万种，占地球已知动物种类的2/3。

昆虫不仅种类多，而且个体数量惊人，可以从一些数据上窥探一二。比如，一个白蚁群大约有50万只白蚁；一棵树上可能生长着十几万只蚜虫，等等。

在昆虫家族中，甲虫类（瓢虫、天牛等）种类最多，超过35万种。

昆虫的住所

世界各处都有昆虫分布，它们几乎“无处不在”。从生态上来说，不同的昆虫所处的生活区不同，也就是不同昆虫有不同的栖息地。那么，它们的栖息地有什么不同呢？

昆虫趣闻

地球上的生态环境主要有森林、草原、荒漠、苔原、高山冻原、农田、湖泊和海洋等，不同的昆虫会选择不同的生存环境来栖息。

多数昆虫都喜欢森林，因为草木就是它们的食物和家园，比如很多蛾类和蝶类；草原上丰富的牧草也吸引很多昆虫，比如蝗虫。耐干旱的昆虫会选择荒漠，如拟步甲等；一些昆虫喜欢取食农作物，会入侵农田和果园等，如蚜虫；孑孓（蚊子幼虫）等则生活在水中。

昆虫凭借身体的优势处处为家，就连在水下也能生活。

昆虫的结构

蝴蝶、蜻蜓、蝗虫、蜣螂……虽然外形千姿百态，各不相同，但它们都是由头部、胸部和腹部三部分组成的。

昆虫趣闻

昆虫的身体结构较为简单，只有头部、胸部和腹部三部分，没有颈部和尾部。昆虫的头部位于身体前面，上有触角、口器和眼睛。胸部由前胸、中胸和后胸三节组成，而每个胸节各长了一对足，即胸足；大部分昆虫（一般成虫）的中胸和后胸上还各长着一对翅。

总的说来，昆虫的特征是有一对触角、两对翅、三对足。蜘蛛等并没有这些特征，所以不是昆虫。

触角
头部
胸部
翅
腹部
足

昆虫的眼睛

眼睛是昆虫重要的感觉器官，多数昆虫都有一对大的复眼和1～3个小的单眼。其中，复眼负责主要视觉任务。世界上，只有昆虫拥有复眼。

昆虫趣闻

昆虫的每只复眼里都有无数单眼，每个单眼都能独立感光。不同昆虫的单眼数量各不一样，蚊子的复眼只有50个单眼，而一些蜻蜓的单眼多达2.8万个。单眼越多，昆虫视力就越好。但是，复眼不能调节焦距，只能看清楚近距离的物体，尤其是运动中的物体。

单眼分背单眼和侧单眼：背单眼只能感受光线的强弱，无法成像；侧单眼能成像，但是视力较弱，只能看得模模糊糊。

感觉器官就是能够感受外界刺激的器官，昆虫的感觉器官包含眼睛、触角、听觉器官和其他一些微小的感受器等。

昆虫的触角

昆虫的触角长在头部两侧上方，像两根长“须”一样，可以自由转动。触角的作用跟人的鼻子相似，都是用来“嗅”气味的，是很重要的感受器。

昆虫趣闻

昆虫的触角并不是千篇一律的，不同的昆虫触角生长位置、形状、长短、功能等各不相同，其中触角形状是辨认昆虫的重要特征之一。常见的昆虫触角形状有丝状、羽状、棒状、刚毛状、念珠状、环毛状、鳃状、膝状、具芒状等。

触角不仅可以用来闻气味、找食物和分辨同伴，同时，还能起到触觉和听觉作用，有些昆虫的听觉器官就是长在触角上的，如蚜虫等。

昆虫的触角上长有许多嗅觉窝，既与外界相通，又与感觉神经纤维和脑神经中枢相连，所以触角能带给昆虫感觉。

昆虫的“耳朵”

昆虫也有耳朵吗？昆虫所谓的“耳朵”的结构与哺乳动物有所区别，但作用却是一样的，都是用来听声音的，称为“听觉器官”。那么，昆虫的听觉器官长在哪里呢？

昆虫趣闻

昆虫的听觉器官长在不同的地方，有些昆虫的耳朵长在触角上，如雄蚊、蚜虫等；有的长在前膝关节下方，如蟋蟀等；有的长在腹部，如蝉、蝗虫等；有的长在胸部，如某些蛾类；有的长在翅的基部后面，如苍蝇等。

一般有听觉器官的昆虫，也能够发声鸣叫。昆虫通过鸣叫声吸引配偶，达到交配的目的。昆虫的鸣声有大有小、有高有低，有些昆虫的鸣声只有同类能听得到。

昆虫的听觉器官在自我防卫方面也有重要作用，比如，飞蛾的听觉器官长在腹部，能感受到附近蝙蝠发出的超声波，从而避开它们。

昆虫的“语言”

每个动物种群内部都有其独特的交流方式，以用来传递信息，就像人类的语言。昆虫也不例外，它们也有自己独特的通信方式，而这些通信大多与觅食、警告、寻找配偶相关。

昆虫趣闻

昆虫的通信语言大体上可以归纳为五类：行为语言，如蜜蜂可以用不同的舞蹈告诉同伴各种信息；视觉语言，如萤火虫发光行为、枯叶蝶的保护色、竹节虫的拟态行为等；听觉语言，如蝈蝈、蟋蟀、蝉等，通过鸣叫来呼朋引伴、求爱或驱逐敌人；触觉语言，如蚂蚁经常用触角触碰同类，传递各种信息；化学语言，许多昆虫在繁殖期间都会分泌性外激素，以此来吸引爱侣。

一只工蚁外出侦察时，一旦发现哪里有食物，回巢途中便会不停释放追踪信息素。等它回到巢中，其他工蚁便会闻着它留下的信息素，准确找到食物的位置。

昆虫的口器

所谓口器，其实也就是昆虫的嘴，即取食器官，一些昆虫的口器甚至可以起到感觉器官的作用。

昆虫趣闻

有的昆虫喜欢吃叶子、有的喜欢吃花蜜……食性不同，昆虫的口器也不同。

昆虫的口器主要有以下五种：咀嚼式口器，虹吸式口器、刺吸式口器、舐吸式口器和嚼吸式口器。其中，咀嚼式口器为蝗虫、蟋蟀等以植物茎叶为食的昆虫特有；虹吸式口器多为蝶蛾类特有；刺吸式口器则是蚜虫等以植物汁液为食的昆虫特有；舐吸式口器为苍蝇等蝇类昆虫特有；嚼吸式口器则为蜜蜂特有。

苍蝇摄取食物时，先将口器紧紧贴在食物上，再舐吸食物表面的汁液。如果食物是干燥的，它们便会吐出一些唾液将其润湿，再舐吸食物。

昆虫的足

足是昆虫移动身体所需的重要器官之一。昆虫成虫有三对足，它们分别着生于昆虫的前胸、中胸和后胸，人们习惯称它们为前足、中足和后足。三对足的结构相似，都是由不同的足节组成的。除了运动外，许多昆虫的足还有其他功能，如挖土、捕猎等。

昆虫趣闻

昆虫的足大致可分为步行足、跳跃足、开掘足、捕捉足、携粉足、抱握足、游泳足、攀缘足等。步行足是指能快速行走的足；跳跃足是指善于跳高、跳远的足，如蟋蟀、蝗虫等的后足；开掘足是蝼蛄等土穴居昆虫用来挖土的足；捕捉足是用来捕捉活物的足；携粉足是蜜蜂等用来携带花粉花蜜的足；抱握足是一些昆虫用来抱握交配对象的足；游泳足是一些水生昆虫用来划水游泳的足；攀缘足是一些寄生于人体的昆虫特有。

螳螂的前足就是一对捕捉足，这对足强壮有力，而且腿节和胫节上都长有锐刺，猎物一旦被捕捉足钳制住，就很难逃脱了。

昆虫的翅

翅是昆虫的飞行器官，多数昆虫成虫都长有两对翅，前翅长在中胸上，后翅长在后胸上。翅极大限度地扩大了昆虫的活动范围，为其觅食、避敌和繁殖后代都提供了很多便利。

昆虫趣闻

昆虫的翅没有骨骼支撑，但有翅脉，翅脉增加了翅的强度。同时，依靠强健的飞行肌肉以及前翅和后翅之间良好的“连锁”结构，昆虫的两对翅便能协调一致，很好地飞行。

不同昆虫拥有不同质地和形态的翅，比如蝴蝶的翅与甲虫的翅就有很大的区别；即使是同一只昆虫，其前翅和后翅也可能是不同的，比如蚊子、苍蝇等双翅目昆虫，后翅就退化成了细小的棒状物，在飞行时起到定位和调节作用。

多数昆虫在休息时会收拢双翅，以保护其不受伤害，但一些原始的有翅类昆虫，由于翅的结构比较原始，不能完全收拢，如蜻蜓。

昆虫的防御

和其他很多动物一样，小小的昆虫也经常面临各种各样的危险，而它们也相应生成了各种各样的防御方式，常见的有色彩防御、拟态防御、化学防御等，各类昆虫会根据生存环境选择使用最适合自己的防御方式。

昆虫趣闻

昆虫的色彩防御分两种，一种是让体色融入周围的环境来隐蔽；一种是用鲜亮的体色或眼状斑纹来警告敌人远离。

拟态防御，即模拟其他昆虫、植物各部分的形态，让自己在外形、体色、斑纹等方面与凶猛的昆虫或周围环境接近，以躲过敌人的追捕。

所谓化学防御，就是一些昆虫能释放出刺激性的、黏性的或有毒的物质来对抗敌人，以此获得斗争的胜利或成功逃脱。

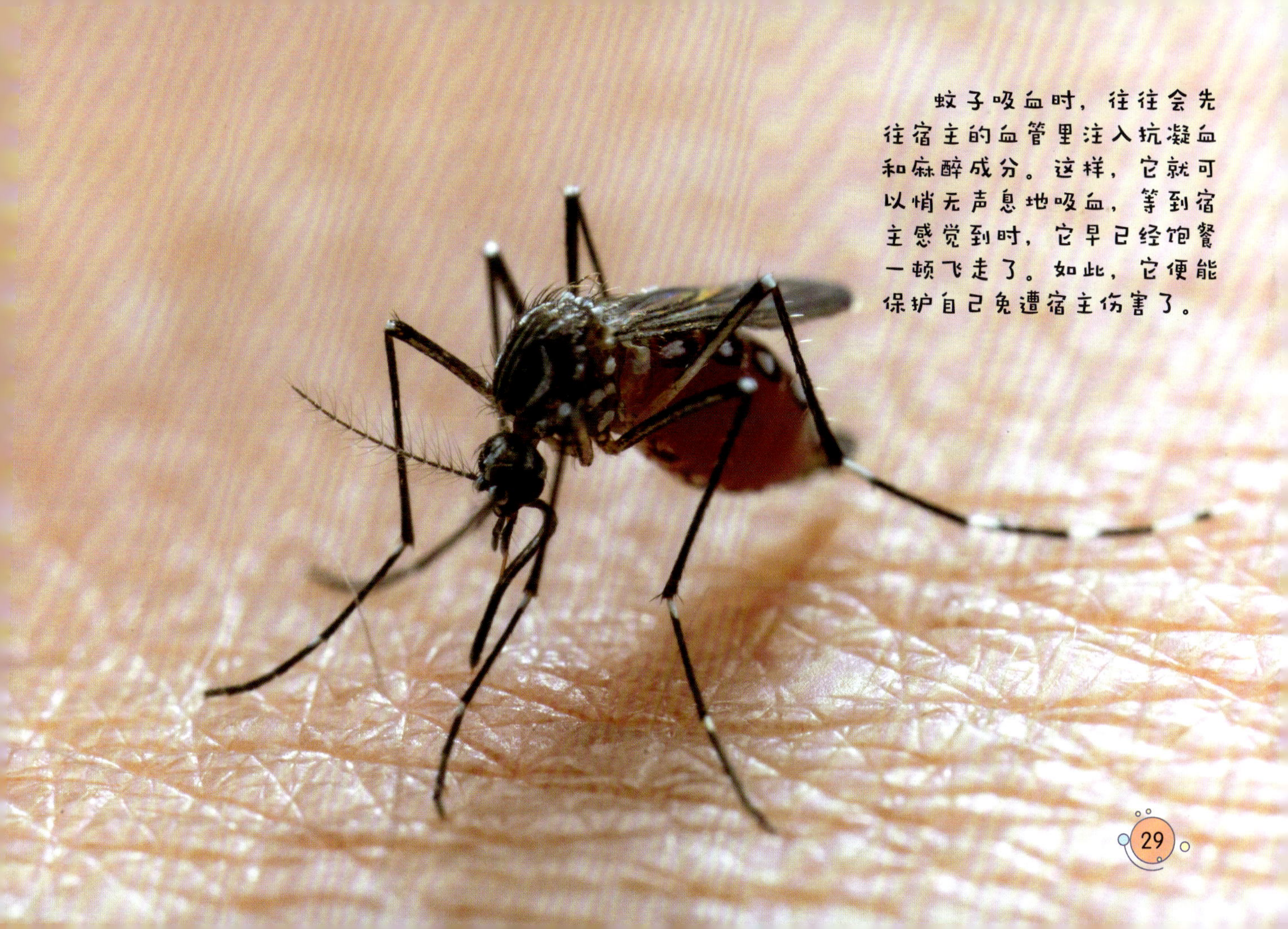

蚊子吸血时，往往会先往宿主的血管里注入抗凝血和麻醉成分。这样，它就可以悄无声息地吸血，等到宿主感觉到时，它早已经饱餐一顿飞走了。如此，它便能保护自己免遭宿主伤害了。

昆虫的生殖

昆虫一生最重要的事情有两件：一是吃，二是繁殖。大多数昆虫跟高等动物相似，都是靠雌体和雄体交配才繁殖出新个体，即两性生殖。除此之外，昆虫还存在孤雌生殖、多胚生殖及幼体生殖等多种繁殖方式。

昆虫趣闻

孤雌生殖，也叫“单性生殖”，即雌虫不用与雄虫交尾，也能产出能够发育成新个体的卵，例如一些种类的蜜蜂、竹节虫、蚧等。

多胚生殖，是指一个虫卵里含有两个及以上的胚胎，也就是说一颗卵可以发育2个或2个以上的新生命，如小茧蜂、姬蜂等寄生昆虫。

幼体生殖，是指昆虫还在幼虫阶段时，就开始繁殖后代了。这种繁殖不是通过虫卵繁殖的，而是由幼虫体内某些生殖细胞不经过受精而能独立长成新的幼虫后产出体外的，如瘿蝇等。

昆虫的多胚生殖有时算得上是“量产”，因为一个胚里甚至能产生两三千个胚胎。

昆虫的发育

昆虫的发育是一种复杂的过程，一般可以分为胚胎发育和胚后发育两个阶段。其中，胚胎发育是在卵内完成的；而胚后发育又包含卵孵化为幼虫、幼虫成长为成虫等阶段。一般来说，昆虫的胚后发育更容易观察。

昆虫趣闻

昆虫从幼虫发育为成虫，需要经历外形、内部结构、生理功能和行为的一系列变化，即人们常说的“变态发育”。变态发育分为完全变态发育和不完全变态发育两种。完全变态发育，是指昆虫一生需要经历卵、幼虫、蛹和成虫四个阶段，如蝴蝶、蛾、蜜蜂、苍蝇等。不完全变态发育，是指昆虫只经历卵、幼虫和成虫三个阶段，如蝗虫、蜻蜓、螳螂等。当然，还有少数昆虫属于无变态发育类型，如衣鱼等。

完全变态发育的昆虫，幼虫和成虫外观差异很大。

益虫与害虫

昆虫跟人类的关系极为密切，而人类也根据它们对人类活动的影响，将昆虫分为益虫和害虫两大类。所谓益虫，就是有利于人类生产和生活的虫，比如蜜蜂、蚕、螳螂、蜻蜓等；而害虫则指危害生产和生活的虫，如蚜虫、红蜘蛛、苍蝇等。

昆虫趣闻

益虫和害虫只是相对而言的。例如，蝴蝶能帮助植物传粉，这被视为益虫行为，但它们的幼虫又是以植物为食的，危害农作物。苍蝇虽然经常传播病菌，但也能分解动物的尸体和粪便，有净化大自然的作用。

很多时候，害虫泛滥是人类自己造成的，是人类的不合理开发才破坏了害虫与益虫之间的生态平衡。所以，若要保持这种平衡，则应爱护环境。

猫头鹰蝶的幼虫会对香蕉这类经济作物产生危害，但成虫又能传播花粉并能吃掉一些烂果。

甲虫类

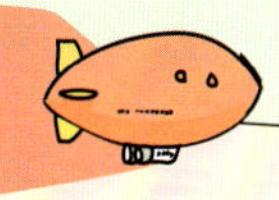

甲虫类昆虫最重要的特征是前翅和体壁都已经骨化，并且紧紧包裹住身体。前翅由于已经角质化，翅脉消失，不再主要担负飞行责任，而是在甲虫不飞行时保护虫体与后翅。后翅平时折叠藏于骨化的前翅下，飞行时展开，是担负飞行责任的主要器官。

甲虫是昆虫中甚至是动物中种类最多的一类，不同种类的甲虫在体型、食性、繁殖方式等方面差异很大。

虎甲

分类 昆虫纲 - 鞘翅目 - 虎甲科

食物 小昆虫等

虎甲身体各部分带有强烈的金属光泽，并具有色彩丰富的色斑，头部及前胸背板前缘呈绿色，背板中部金红或金绿色。虎甲主要以蝗虫、蝼蛄等害虫的幼虫为食，但有些种类的虎甲又会在经济作物上钻洞产卵，所以有益也有害。

昆虫趣闻

虎甲是陆地上相对速度最快的动物，只用一秒就可以移动到自己体长 171 倍远的地方，哪怕猎豹都无法达到这种相对速度。虎甲在极速奔跑时，由于复眼结构的限制以及大脑处理能力不足，会出现短暂的失明。所以，它们在追猎时，往往需要不时停下来对猎物重新定位。

虎甲多出没于山区道路或沙地上，大多数种类生活在地面上，也有少数为树栖种类。

路遇虎甲时，有时它们就在行人眼前不远处，头朝行人伫立着。行人一靠近，它们就低飞后退，但依然头朝行人，仿佛逗人玩似的。

射炮步甲

分类 昆虫纲－鞘翅目－步甲科

食物 软体动物与蚯蚓、钉螺、蜘蛛等

射炮步甲是一种较为常见的甲虫，体长5～13毫米。这种昆虫喜欢潮湿的环境，所以一般生活在土壤潮湿或是靠近水源的地方，有时栖息在松散的树皮、落叶层或苔藓下，有时则藏匿于岩石或洞穴中。

射炮步甲的腹部末端有一个小囊，里面存有过氧化氢和对苯二酚两种化学物质。一旦受到威胁，射炮步甲就会释放出一种催化剂，催动两种物质发生化学反应，生成毒液，并产生大量的热量。随即，炙热（温度可达100℃）的液体以极快的速度从肛门喷射而出，并且发出“砰”的一声，就好像发射炮弹一般。毒液遇到空气后，立即汽化，以此来逼退敌人。

射炮步甲大多在地面上活
动，很少飞行，并且有一定的趋
光性（喜欢追逐光源，靠近光源）。

金龟子

分类 昆虫纲 – 鞘翅目 – 金龟子科

食物 嫩芽、新叶及花朵

金龟子是鞘翅目金龟总科昆虫的通称，其种类繁多，形态各异。全世界共有金龟子20 000多种，仅中国就约有1 800种。金龟子成虫和幼虫都会危害农作物，是常见的害虫之一。

昆虫趣闻

金龟子成虫全身披淡蓝灰色闪光薄粉，所以看起来很闪亮。金龟子以成虫的形式躲在土壤里越冬，天气暖和后从土壤里钻出来，以果树嫩芽、新叶和花朵等为食，甚至会集群暴食嫩叶，对植物造成严重危害。

金龟子的幼虫叫“蛴螬”。金龟子将卵产在松软湿润的土壤中，蛴螬孵化出来后就在地下生活，它们对农作物的危害非常大，喜欢吃刚播种的种子、根、块茎以及幼苗。

蛴螬身体肥大，体型弯曲呈C形，多为白色，少数为黄白色。在腐烂的木桩内经常能见到。

蜣螂

分类 昆虫纲－鞘翅目－金龟甲科

食物 粪便

蜣螂又名屎壳郎，而这个名字源于它们是以动物的粪便为食的昆虫。事实上，蜣螂主要以草食动物和杂食动物的粪便为食，它们一天可以消耗掉与自身体重相当的粪便，所以常被视为“草原上的清洁工”。

昆虫趣闻

蜣螂擅长滚动和埋藏粪球。它们用前足推着粪球向前滚动。把粪便滚成粪球后，蜣螂会把粪球埋藏在地下，甚至把卵产在这些粪球内，而幼虫孵化后就直接以这些粪球为食，十分方便。

正因为如此，草原上的牧民是非常欢迎蜣螂的。澳大利亚畜牧业十分发达，但是当地的蜣螂却不太喜欢外来牛、羊的粪便，为了解决农场粪便堆积的问题，澳大利亚政府还从其他国家引进蜣螂，并最终解决了当地的问题。

蜣螂是真正的大力士，据研究，它们可以推动相当于自身体重千倍的物体。

萤火虫

分类 昆虫纲－鞘翅目－萤科

食物 螺类、蜗牛、蛤蝓等

萤火虫，古时又名流萤，是一种小型甲虫，因尾部能发出荧光而得名。全世界共有萤火虫2 000多种，其中大部分都能发光。

昆虫趣闻

萤火虫之所以能发光，是因为它们的腹部末端下方长着发光器。这种发光器由专门的发光细胞组成，发光细胞里藏着荧光素和荧光素酶。荧光素酶会催化荧光素与氧气发生反应，生成激发态的氧化荧光素。当氧化荧光素从激发态回归到基态时，就会以“发光”的形式释放能量。这就是萤火虫的发光原理。

萤火虫发出的光不强，一般只在晚上发光。

　　除了成虫，有些萤火虫的卵、幼虫和蛹也能发光。

吉丁虫

分类 昆虫纲－鞘翅目－吉丁虫科

食物 树木、树叶

吉丁虫又名爆皮虫、锈皮虫，是一种生活于热带地区的漂亮昆虫。全世界共有吉丁虫15 000多种，它们体表大多具有多种色彩的金属光泽，极为绚丽，所以人们将它们称为“彩虹的眼睛”。

吉丁虫的“爆皮虫”之名得来并不冤枉。吉丁虫将卵散产在树干向阳一面的树皮裂缝、伤痕、节疤等处，幼虫孵化后从卵壳附近侵入树皮，然后逐步往树木内部钻。吉丁虫的幼虫蛀食枝干皮层后，被蛀食处会有流胶溢出，严重时会导致树皮爆裂，“爆皮虫”的名字便由此而来。

吉丁虫善飞，能飞得又高又远，它们栖息在树干上时，就会化作一个个暗黑色隆起，好像是树的一部分，不容易被辨认出来。

有科学家研究发现，某些吉丁虫可以感应到20千米外的森林大火，然后千里迢迢赶过去，以便在刚烧焦的松树上产卵。

七星瓢虫

分类 昆虫纲－鞘翅目－瓢虫科

食物 蚜虫、花粉等

七星瓢虫是一种常见的瓢虫，主要分布在亚洲、非洲和欧洲。体型呈半圆球状，鞘翅红色或橙黄色，左右鞘翅上各有三个黑点，中间结合处前方有一个大的黑点，共七个黑点，所以被称为“七星”。

昆虫趣闻

七星瓢虫主要以蚜虫为食，而下颚须则是它们捕食的重要工具。捕食时，七星瓢虫先利用下颚须探触，一旦触到蚜虫，它们便能迅速用上颚将其咬住，然后吞食掉。如果下颚须没能触碰到蚜虫，即使蚜虫就在其跟前，它们也看不到。

一只七星瓢虫的成虫，一天可以消灭近一百只蚜虫，真正做到了为农业生产保驾护航。

七星瓢虫受到刺激后，会突然像死了一般没了知觉，直到神经系统恢复正常才恢复活动。

黄金龟甲虫

分类 昆虫纲－鞘翅目－叶甲科

食物 树叶

黄金龟甲虫是一种非常好看的昆虫，外形与瓢虫有些类似，却又更特别。这种昆虫的外角质层下方储藏着水滴，光线穿过水滴时会发生折射，使部分外层翅变得透明，同时，发出一闪一闪的金色光光泽，好像宝石一般。

每当遇到天敌时，黄金龟甲虫的成虫就会将自己的触角和胸足收进胸背板和坚硬的翅甲之下，然后身体紧贴在叶片上，让敌人对着它们坚硬甲壳，无法动嘴。事实上，它们漂亮的外表是一种警戒色，警告捕食者自己很厉害，不要靠近。

至于黄金龟甲虫幼虫，它们会将蜕下的皮覆盖在背部，并将粪便堆积在蜕下的皮上面，这样就能消除自己的味道了。

黄金龟甲虫一旦死去，当体内的水分蒸发后，其身体的色彩光泽也会跟着消失。

天牛

分类 昆虫纲－鞘翅目－天牛科

食物 松、柏、柳、桃等各类木本植物

天牛因在虫类中算是“力大如牛”的种类，又善于飞行，所以才有了“天牛”之名。所有种类的天牛都拥有长长的触角，触角长在额的突起上，不仅可以随意转动，甚至还能扣在后背上。

昆虫趣闻

大部分天牛身上长有发音器，能发出“咔嚓咔嚓”的声音，好像锯木头时发出的声音一样，所以有些地方的人也称它们为“锯树郎”。

天牛中有些种类对树木危害很严重。一些幼虫孵化出来后，立即蛀入树干，从树皮往里一直钻到木质部，而那时它们也逐渐长大了，不过也有些种类一直就躲在树皮下生活。有些天牛的成虫羽化后则以植物的嫩枝、嫩叶、树汁、树皮、花粉、果实等来补充营养。

完全变态发育昆虫，破蛹而出后具备完全飞翔能力的过程就是羽化。不完全变态发育昆虫，由若虫蜕变为成虫，并且形态、大小不再变化，这个过程也称为羽化。

象鼻虫

分类 昆虫纲－鞘翅目－象甲科

食物 腐烂的花（幼虫），花粉（成虫）

象鼻虫又名“象甲”，是昆虫中种类最多的一个群体，全世界已知道的象鼻虫有60 000多种。象鼻虫之所以有“象鼻”之名，是因为它们头部前方都长有一个长长的口器，就像大象的长鼻子一样。

象鼻虫种类很多，不同种类的体长各不相同，小的体长只有0.1厘米，而大的体长能达到10厘米，而口器几乎就占象鼻虫体长的一半。

很多种类的象鼻虫以棉花植株的嫩芽和棉桃等为食，成虫会直接把卵产在棉花上，而幼虫孵化后就直接在棉花茎内蛀食，从而导致植株被风折断。这些象鼻虫被视为害虫。当然，也有一些种类的象鼻虫并不会对经济作物造成危害。

长颈鹿象鼻虫是马达加斯加岛特有的象鼻虫品种，它的名字源于其超级长的颈部。

蝶蛾类

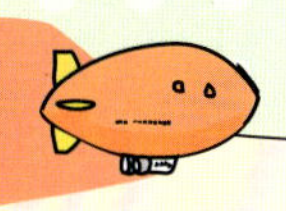

蝶蛾类昆虫是鳞翅目唯有的两大类昆虫，其种类极多，全世界大约有 20 万种；分布极广，不论是干燥炎热的沙漠，还是滴水成冰的北极，都能见到它们的踪迹，热带地区尤其多。

多数蝶蛾类昆虫的幼虫都属于害虫，以植物的叶子、汁液、组织等为食，危害各种栽培植物。它们的成虫则多以花蜜为食，或是口器退化不再有取食功能，不再危害植物，少数会以植物果实等为食。

蝶和蛾的区别

从外形上看，蝶和蛾长得十分相似，如果没有深入了解，往往很难分清哪个是蝶、哪个是蛾。蝶和蛾都属于完全变态发育昆虫；成虫都有两对翅，体表和翅上都有鳞片；拥有虹吸式口器……那么该如何分辨它们呢？

昆虫趣闻

其实，蝶和蛾是有很大差异的。

首先，蝶大多是白天出来活动的，而蛾类大多选择夜间捕食并具有趋光性（人们常利用蛾的这个特性，用光来捕杀蛾类害虫）；其次，蝶类的触角为棒状触角，而蛾类则大多为羽状或粗壮的单触角；再次，蝶类停伫时往往会将翅收拢竖立于背上，而蛾类则更喜欢平展四翅；最后，蝶蛹没有茧，而蛾类的蛹有茧。

瞧，这就是一只蛾。

柑橘凤蝶

分类 昆虫纲－鳞翅目－凤蝶科

食物 植物叶（幼虫），花蜜和水（成虫）

柑橘凤蝶种群数量不多，但种群状态较为稳定，一般分布于东亚及东南亚地区。柑橘凤蝶翅上的花纹呈黄绿色或黄白色，体和翅的颜色随季节而变化，春季颜色淡，夏季颜色深。

柑橘凤蝶是完全变态昆虫，成虫以花蜜和水为食，经常在花间采蜜或在湿地吸水。成虫会把卵产在柑橘等植物的嫩芽上或嫩叶的背面，一般同一叶片上只产一枚卵。幼虫孵化出来后，虫体看起来有些像鸟粪，白天伏于主脉上，夜里就近咬食叶片。刚开始，它们只吃植物的嫩叶，食量也比较小，但越接近化蛹时期食量越大。

凤蝶因后翅有尾状突的特点而得名，但其中也有许多品种是没有尾状突的。

枯叶蛱蝶

分类 昆虫纲－鳞翅目－蛱蝶科

食物 腐烂水果、树液、动物粪便等

枯叶蛱蝶是一种大型蝴蝶，前翅、后翅相叠后翅形及斑纹宛若枯叶一般。其翅的背面闪深蓝色、紫蓝色或淡蓝色光泽（随季节不同）；翅的腹面则是枯叶色的，一条深褐色的横纹从前翅顶角延伸至后翅臀角，如叶脉一般。

枯叶蛱蝶的天敌有赤眼蜂、蚂蚁、蜘蛛、鸟类等，只能伪装成枯叶来降低自己的存在感，以躲避天敌。

在与其他蝶类相处时，枯叶蛱蝶的雄蝶具有很强的领地意识，往往会驱逐进入自己领地内的其他蝶类。枯叶蛱蝶的成虫一般栖息在潮湿的森林中，当清晨叶面露珠蒸发后出来觅食。

第二次世界大战期间，苏联的蝴蝶专家以枯叶蛱蝶的拟态为原型，设计出一套“蝴蝶式”防空迷彩服。野外作战时，这就等同于一套“隐形衣”。

宽纹黑脉绡蝶

分类 昆虫纲－鳞翅目－蛱蝶科

食物 某些植物的花蜜、一些鸟类粪便等

宽纹黑脉绡蝶又名“透翅蝶”，因为其蝶翼大部分趋于透明状：除了前翼上半部分有一白色条带穿过棕色的区域，蝶翼的大部分区域既无鳞粉，也无色彩。

昆虫趣闻

宽纹黑脉绡蝶成虫多吸食菊科、紫草和马缨丹属植物的花蜜，由于菊科植物的花蜜中含有一种能令鸟类反胃的生物碱，因此宽纹黑脉绡蝶每次吸食菊科植物的花蜜后，就会将其中含有的生物碱迅速吸入体液中，以此来保护自己，而鸟类往往也因此而不愿意捕食它们。

另外，宽纹黑脉绡蝶不透明部分呈现出的条带，让它们看起来跟胡蜂有几分相似，因此也能吓退一些捕食者。

宽纹黑脉绡蝶幼虫的身体也是半透明的——具有一定的投影效果，可以迷惑捕食者。

菜粉蝶

分类 昆虫纲－鳞翅目－粉蝶科

食物 蔬菜叶片（幼虫），花蜜（成虫）

菜粉蝶的幼虫叫菜青虫。菜青虫喜欢吃十字花科植物，对白菜、甘蓝、花椰菜、萝卜等尤为钟爱，退而求其次可能会选择菊科、百合科植物食用。这种昆虫是对植物危害较为严重的害虫之一，全中国都有分布。

昆虫趣闻

菜粉蝶成虫一般白天出来觅食、交配、产卵等，尤其以晴天中午活动最活跃。菜粉蝶雌虫喜欢将卵散产在菜叶的正面或背面（冬季多选正面，夏季多选背面），每次只产1粒。它们最喜欢将卵产在花椰菜、结球甘蓝上，其次是白菜上，因为这些植物含有它们喜欢的芥子油苷。菜粉蝶幼虫孵化出来后，会先吃掉卵壳，然后再吃植物的叶片。

菜青虫危害菜叶子，但羽化为菜粉蝶后便不再啃食菜叶，而以花蜜为食。

桦尺蛾

分类 昆虫纲－鳞翅目－尺蛾科

食物 桦树叶片

桦尺蛾，由于其幼虫尺蠖主要危害桦树，故又名“桦尺蛾”。在英国，人们习惯称其为“斑点蛾”，因为19世纪中叶前，英国的桦尺蛾体色比较浅，并且浅灰色翅上零星散布着黑色斑点。

昆虫趣闻

19世纪末期，英国工业蓬勃发展，导致中部地区的林地遭到了严重的煤烟污染，很多树木的树干变成黑漆漆的。在这种环境下，体色较浅的桦尺蛾就特别显眼，极容易被鸟类捕获，而那些体色较深的桦尺蛾则与环境融为一体，生存概率大大提高。所以在很长一段时间内，人们只能见到体色较深的桦尺蛾。

后来，由于污染得到了有效治理，体色较浅的桦尺蛾慢慢多了起来。

桦尺蛾生长在桦树上，以桦树树叶为食，严重时会造成树木光秃、枝条干枯，反复危害会造成植物死亡。

虎蛾

分类 昆虫纲 – 鳞翅目 – 虎蛾科

食物 嫩芽、新叶（幼虫），花蜜（成虫）

虎蛾成虫的前翅上呈现出生动的虎纹，幼虫多有绚丽的斑纹，外形引人注目。全世界已知的虎蛾有 3 000 多种，主要分布在热带和亚热带地区。

昆虫趣闻

虎蛾成虫一般将卵产在灌木叶子上，幼虫孵化出来后就以叶子为食。它们吃东西的速度很快，吃完一片叶子马上就去吃另外一片。由于虎蛾幼虫身上长满了毒毛和坚硬的刺，鲜有捕食者。所以，如果大量虎蛾幼虫同时孵化出来，对植物的危害将会十分严重。

绚丽的外表就是虎蛾的警戒色，可以警告捕食者不要轻易靠近它们。

虎蛾成虫通常白天觅食，飞行能力非常强。

其他常见昆虫

甲虫与蝶蛾是最常见的两大类昆虫，也是人们了解得比较多的昆虫。除了这两大类昆虫外，蜻蜓、蝉、蝗虫、蚊、蝇等也是常见昆虫，但种类远不及甲虫与蝶蛾多，此处暂将它们归在一起，逐一介绍。

蜻蜓

分类 昆虫纲－蜻蜓目

食物 蚊、蝇、叶蝉、虻蠓类、蝶蛾类等

蜻蜓是人们春季到秋季常见的昆虫。这是一种在地球上存活了3亿年的生物，它们身材纤细，复眼硕大，翅透明，善飞行。不管距离长短，蜻蜓都是靠飞行移动的，胸足仅用于捕食和停驻，飞行时并不使用。

昆虫趣闻

有时人们会看到蜻蜓在水面上低飞，并不时以尾触水，这便是“蜻蜓点水”了。蜻蜓为什么会有这种行为呢？

其实，这是蜻蜓在产卵。这些卵将来会在水中孵化，孵化出来的幼虫被称为“水虿”。水虿要经过多次蜕皮才能羽化为成虫。它们顺着水草爬出水面，然后直接羽化，不用经过蛹的阶段，属于不完全变态发育。

蜻蜓以蚊、蝇、小型
蛾蝶等为食，是一种益虫。

蜜蜂

分类 昆虫纲 - 膜翅目 - 蜜蜂科

食物 花粉、花蜜等

蜜蜂是人们比较熟悉的昆虫，它们以花粉、花蜜等为食，又以此生产出蜂蜜，是人类最喜爱的昆虫之一。蜜蜂属于群居昆虫，每个蜂群中有一只蜂后、数只雄蜂、上万只工蜂，它们分工明确，各司其职。

昆虫趣闻

蜂后是蜂群中的统治者，也是蜂群中唯一具备生育能力的雌蜂，由受精卵孵化而来。雄蜂则由未受精的卵发育而来，与蜂后交配后就会死去。工蜂也是由受精卵孵化而来的雌蜂，只不过蜂后孵化出来后一直被饲以蜂王浆，而工蜂则只被喂养了几天蜂王浆而已。

工蜂负责蜂群中的大部分工作，如照顾和饲养幼蜂、分泌蜂蜡来筑巢、采蜜等。工蜂可以通过蜂舞与同伴交流。

蜜蜂的螯针与毒腺及内脏是连在一起的，而螯针的一头带钩，所以其一旦蜇了人并试图飞走时，勾在肉中的螯针会将部分内脏拉出体外，致其死亡。

黄蜂

分类 昆虫纲 - 膜翅目 - 胡蜂科

食物 鳞翅目幼虫、果汁及嫩叶等

黄蜂是一种令人惧怕的蜂类。雌黄蜂身上长有一根长螯针，其中一端连着毒囊，毒囊内含有能引起人类肝、肾等脏器功能衰竭的毒素。如果人被长螯针扎到，会出现很严重的过敏反应或毒性反应，甚至可能死亡。

昆虫趣闻

黄蜂虽然偶尔蜇人，但其实它们是很多害虫的天敌，对农业生产有很大帮助。

黄蜂一般营巢而居：冬季抱团越冬；春季便各自寻找合适的地方产卵；夏季则进入蛰伏期，暂停活动。它们非常团结，遇到敌袭或恶意干扰时会很愤怒，然后发起群体攻击，令敌人无处可躲。

在野外，如果遇到单飞的黄蜂在盘旋，则说明你已进入它的警戒范围，这个时候最明智的做法是尽快离开，而不是驱赶或骚扰它，否则它可能就要招呼同伴来对付你了。

姬蜂

分类 昆虫纲－膜翅目－姬蜂科

食物 各类害虫（幼虫）、花蜜（成虫）等

姬蜂是寄生蜂类，体长3～40毫米，黄褐色，腹部较狭长，圆筒形。姬蜂种类多，数量大，寄生本领强——几乎所有的姬蜂都是寄生在其他类昆虫体上生活的，即使躲在厚厚的树皮下的昆虫，也难以摆脱它们。

昆虫趣闻

姬蜂的寄生方式分两种：一种叫体表寄生，一种叫内寄生。体表寄生就是雌蜂将卵产在宿主体表，幼虫孵化出来后从宿主体表取食；内寄生即雌蜂把卵产在宿主体内，幼虫孵化后以宿主体内的组织为食。

通常每只昆虫身上只能存在一种寄生蜂，有些种类的姬蜂在产卵前可以探测出宿主昆虫是否已经被寄生，如果是，它们则会另选其他目标。

大多数姬蜂是寄生在害虫身上的，所以能消灭很多害虫。

蚂蚁

分类 昆虫纲 – 膜翅目 – 蚁科

食物 各种肉类、甜食等

蚂蚁在地球上已经生活了约1.3亿年。蚂蚁是群居昆虫，群体内有明确分工，蚁后担负产卵并繁衍后代的任务。另外，蚁群中还有负责与蚁后交配的雄蚁和负责觅食等工作的工蚁，群体极具组织性。

昆虫趣闻

蚂蚁是非常优秀的“建筑师”，很多种类的蚂蚁会建造蚁穴，有的建在地下，有的建在地面上，有些则建在树上。蚁穴里有很多“房间”，根据用处不同，有的用来储存食物，有的用来保育幼蚁等。此外，蚁穴还有良好的排水系统和通风系统，住在里面既安全又舒适。

蚂蚁的触角不仅能辨别出气味源头的方向和距离，还能感知气味的强弱。

苍蝇

分类 昆虫纲－双翅目－蝇科

食物 花蜜和植物汁液、厨余垃圾、粪便等

苍蝇又称蝇、乌蝇，种类繁多，全世界约有3 000种。它们几乎什么都吃，如肉、血、汗液、粪便、花蜜、腐败的植物，尤其喜欢甜食和腐食。

昆虫趣闻

苍蝇的两对翅中，前面一对是正常的，后面一对退化成平衡棒。平衡棒是飞行的“稳定器”，能提升苍蝇的飞行能力。所以，苍蝇不仅可以在高速飞行时突然转向，还能在空中盘旋。

多数苍蝇的口器都是舐吸式的，它们先用消化液溶解食物，然后再用口器舐吸已经成为液体的食物。所以，苍蝇接触过的食物大部分已被污染，人们不能再食用了。

苍蝇会污染食
物，传播痢疾等疾病。

蚊子

分类 昆虫纲－双翅目－蚊科

食物 动物血液、花蜜和植物汁液等

蚊子拥有刺吸式口器，雄蚊子喜欢吸食花蜜和植物果实、茎叶等的汁液，而交配后的雌蚊子则喜欢吸食动物的血液。这些雌蚊子在吸食血液的同时，通常也传播登革热、疟疾、丝虫病等疾病。

昆虫趣闻

雌蚊子之所以喜欢吸食动物的血液，并不是为了满足口腹之欲，而是出于生理需求。因为它们必须吸食动物血液，才能使卵巢发育，然后繁衍后代。与其他吸血昆虫相比，雌蚊子的口器极其特别：一般吸血昆虫的口器是针状的，表面平滑，但雌蚊子的口器则是锯齿状的。

雌蚊子一般将卵产在水中，孵化出的幼虫称为“孑孓”。

蚊子没有发声器，它们发出的嗡嗡声是由翅膀快速振动（每秒可以振动约 600 次）发出的。

蟋蟀

分类 昆虫纲－直翅目－蟋蟀科

食物 各种植物

蟋蟀又称促织、蛐蛐，一般栖息在地表砖石下、土穴中或是草丛间，喜独居（繁殖期成对生活）。在农业生产中，蟋蟀被视为一种害虫，因为它们喜欢啮食植物的根、茎、叶和果实。

昆虫趣闻

每到夏天，蟋蟀就特别活跃，靠翅摩擦发出鸣声。通常，只有雄虫才会发出鸣声。不同音调、不同频率的鸣声有不同的意思：响亮的长节奏的鸣声，是用来求偶和警告其他雄虫的；急而短促的鸣声，是用来表达对入侵者的驱逐的。

雄蟋蟀好斗，两只雄蟋蟀相遇时往往会发生争斗。它们头对着头，张大口器，互相撕咬，还用足踢对方，直至其中一方获胜。

蟋蟀的听觉器官是它们的足，前足关节略下方长有耳鼓。通过耳鼓，蟋蟀就能听到声音了。

蝈蝈

分类 昆虫纲－直翅目－螽斯科

食物 瓜果、豆类等

在中国，蝈蝈和蟋蟀、油葫芦一起被称为“三大鸣虫”。蝈蝈靠前翅摩擦发声，以鸣声优美响亮而闻名。蝈蝈的翅越发达，叫声越响亮。每当招朋引伴、发现敌情或求偶时，它们就会发出鸣声。

昆虫趣闻

蝈蝈的天敌有鸟类、老鼠、螳螂、蜘蛛等，但其却没有什么特殊技能可以御敌，所以躲藏就成了不错的保命方式。蝈蝈的体色就是最佳避敌利器，如绿色、黄绿色或褐色，与草的颜色很相似，一旦躲入草丛就很难被发现了。

另外，蝈蝈的后足很发达，善跳跃，每当遇到危险时，它们便快速弹跳着逃走。由于速度非常快，蝈蝈往往能够成功逃脱。

蝈蝈一生要经历卵、若虫、成虫三个虫态，从若虫到成虫需要蜕皮六次，而蜕下的皮往往被它们自己吃掉。

蝗虫

分类 昆虫纲－直翅目－蝗亚目

食物 禾本科植物

蝗虫主要以禾本科植物为食。由于禾本科植物中许多种是粮食作物、经济作物以及牧草等，而蝗虫的食量又很大，每当蝗虫过境时，都会带来极大的损失。因此，在所有害虫中，蝗虫是最难以对付的。

蝗虫主要分布于热带和温带的草地、沙漠地区，体色以绿色、褐色为主。蝗虫一生需要经历卵、若虫和成虫三个虫态——卵产在土壤中，而若虫和成虫则生活在地面上。雌虫把卵产在土壤中后，会分泌一种泡沫状的物质来保护它们。

蝗虫喜旱怕雨，所以旱灾后往往发生蝗灾。旱灾后，成群成群的蝗虫相涌而动，所过之地几乎颗粒无收。如果遇到雨天，翅上沾水，蝗虫就无法飞行觅食了。

由于后腿发达，蝗虫经常以
后腿作为支撑来跳跃，一次能越
过自己身体数十倍长的距离。

蟑螂

分类 昆虫纲－蜚蠊目－蜚蠊科

食物 食性极为广泛

蟑螂，学名“蜚蠊”，是一种食性非常广泛的昆虫。不管是米饭、糕点、荤素熟食，还是瓜果、饮料，甚至油脂、皮革纸张、腐败有机物等，都是它们的食物。部分蟑螂甚至会啃坏家具。

昆虫趣闻

蟑螂被誉为“地球上最古老的居民”之一，曾和恐龙生活在同一个时代。虽然它们的外形一直没什么变化，但生命力却越来越旺盛了，既不畏寒冬，也不惧酷暑，甚至没了头还能活一个星期——所以人们才常将它们称为“打不死的小强”。

蟑螂一般聚居在温暖、潮湿、食物充足、有缝隙的地方，如厨房等。

蟑螂能忍受的辐射量是人类的千倍以上，它们甚至可以在核爆炸产生的辐射中存活下来。

白蚁

分类 昆虫纲－等翅目－白蚁科

食物 植物性纤维素及其制品为主

白蚁是能够高效降解木质纤维素的昆虫之一，因总是在雨前出现，所以民间又称其为“大水蚁”。白蚁是一种社会性昆虫，通常，每个白蚁穴中的白蚁在一百万只以上。

昆虫趣闻

白蚁群有严格的分工。其中，蚁王和蚁后主要负责繁衍后代，一个白蚁群中通常仅存在一对；工蚁数量最多，筑巢修路、清扫、开路、采食、喂养等工作都由它们完成；兵蚁主要负责安保工作，其发达的上颚能抗敌却无法取食，所以只能依靠工蚁喂食。如果白蚁群中没有兵蚁，那么御敌的任务也由工蚁完成。

有人误以为白蚁是蚂蚁中的一种，可其实它们是两个完全不同的物种，蚂蚁是膜翅目蚁科昆虫，而白蚁则是等翅目昆虫。

蝽

分类 昆虫纲－半翅目－蝽科

食物 植物汁液

蝽，旧称“蝽象”，因身上的臭腺孔能分泌臭液，而臭液又在空气中挥发成臭气，所以其又有放屁虫、臭板虫、臭大姐等别名。蝽种类繁多，大部分以植物茎叶或果实的汁液为食，仅有少部分以其他软体昆虫为食。

昆虫趣闻

蝽是世界上最常见的昆虫之一，全世界约有 4 100 种蝽，仅中国就有 500 多种。所有种类的蝽都是陆生昆虫，多以植物为食，危害各种农作物，属于农林害虫，但也有少部分种类是捕食性的，对防治其他害虫有效。

中国常见的蝽的种类有稻绿蝽、稻黑蝽、荔蝽、麻皮蝽、茶翅蝽、菜蝽、短角瓜蝽、蠋蝽等。

蝽一般靠体色保护自己。它们的体色跟栖息环境相似，往往能让自己与环境融为一体。

角蝉

分类 昆虫纲－半翅目－角蝉科

食物 树的汁液

角蝉是一种外形较为突出的昆虫，其头部向下，前胸背板畸形扩展，越过头部，向前形成棘，就像长了一个角。全世界共有3 200多种角蝉，主要分布在热带雨林中。

昆虫趣闻

角蝉成虫头上只有一个角，但若虫时期头上却有三个角。不同种类角蝉的角的形状、大小、颜色各不相同，但都很锋利。角具有很强的伪装作用，当角蝉趴在树干或树枝上时，角正好可以起到伪装作用，让角蝉看起来就像是树的一部分。如果树上正好长有棘刺，就更加不容易从中发现角蝉了。

角蝉体内有一种有毒的化学物质，雌虫产卵后会吐出含有这种物质的泡沫裹在虫卵外，以保护虫卵不被天敌吃掉。

竹节虫

分类 昆虫纲－竹节虫目

食物 其他昆虫

竹节虫属大型昆虫。其体型修长，呈圆筒形、枝状或棒状，体色呈渐变的绿色或棕色，通常把自己伪装成细枝或树叶。竹节虫雄虫较少，雌虫即使不交配，所产的卵也能孵化出幼虫。

竹节虫种类很多，身体纤细且长的可以伪装植物枝条，身体扁宽的则可伪装成植物叶片。尤其是伪装成叶片的竹节虫，全身都长得非常特别：腹部、胫节和腿节都是扁平状的，就像完整或残缺的叶片；脉序长成叶脉状；身上偶尔会出现仿佛被啃了一口的小圆斑，若不仔细观察，完全看不出它们其实不是叶片。

竹节虫具有节奏性变色行为，即它们的体色甚至可以随着气温、光照等而变化，使伪装更加逼真。

螳螂

分类 昆虫纲－螳螂目

食物 各种害虫

螳螂是一种以各种害虫为食并广受人们喜欢的益虫。因其发达的前肢看起来像镰刀，所以又被称为“刀螂”。世界上已知的螳螂有2 000多种，广泛分布在除南极和北极外的其他地区。

昆虫趣闻

螳螂产卵的方式很特别。产卵时，雌螳螂先从体内排出泡沫状物质，接着把卵产在这些泡沫状物质上。很快，泡沫状物质便凝固了，变成坚硬的卵鞘，卵在其中就不容易遭到各种伤害了。每个卵鞘中通常有20～40枚卵。

雌螳螂在繁殖期间需要消耗大量能量，当捕捉到的猎物不足以补充营养时，它们可能会在交配时或交配后吃掉雄螳螂，以满足自己身体所需营养。

螳螂的颈部可以旋转180°，所以即使不转身也能看到身后的情况。

非昆虫类的“虫子”

了解了昆虫后，我们还可以了解一些广义上的其他“虫子”，比如蜘蛛、蜈蚣、螨虫等。它们和昆虫一样，生活在我们周围，有着独特的生活方式以及和昆虫不同的生理结构。

这些“虫子”没有昆虫的特性，如蚯蚓既没有触角，也没有翅，更没有足；而蜈蚣却可能拥有上百对足。从陆地到水中，这些“虫子”无处不在。

蜈蚣

分类 唇足纲－蜈蚣目－蜈蚣科

食物 青虫、蜘蛛、蟑螂等

蜈蚣是拥有多对足的动物，由于种类不同，足的数量也不同，有些种类的蜈蚣足特别多，所以人们通常称之为“百足虫”。

蜈蚣一般栖息在温暖、潮湿、空气流通性好且没有阳光直射的地方，由于畏惧阳光，因此多喜欢夜里出来捕食，白天则藏匿在墙脚、草丛、落叶堆或砖石缝隙中等阴暗处。

蜈蚣的每个体节上都长着一对步足，最前面的步足进化为颚足，以方便捕食。蜈蚣的颚足呈钩状，顶端有毒腺口，遇敌时，用颚足攻击对方，毒腺分泌出的毒液顺着腭牙的毒腺口注入其体内，使其中毒。

当冬天来临时，蜈蚣会选个温暖的地方，钻入12厘米深的泥土中冬眠，直至春天到来。

马陆

分类 倍足纲－马陆总目

食物 落物、朽木等腐败植物为主

马陆是一种多节动物，外观跟蜈蚣有几分相似，也有很多足。马陆除第一节无足外，第2～4节每节有1对足，其余每节均有2对足。因此，人们常常称其为“千足虫”。

马陆体内含有剧毒，所以并没多少天敌。如果有敌人侵犯它们，马陆便从身侧的臭腺中分泌出一种有剧毒的奇臭液体来吓退敌人。

据研究显示，有些品种的马陆所喷出的毒液甚至能使人双目失明。

蜘蛛

分类 蛛形纲 – 蜘蛛目

食物 昆虫、其他蜘蛛、小型动物等

蜘蛛分头胸部和腹部两部分，头胸部有附肢 6 对：第 1 对为螯肢，螯肢上有螯牙，螯牙尖端有毒腺开口；第 2 对附肢称为脚须；第 3 ~ 6 对附肢为步足。全世界共有蜘蛛有 4 万多种，由于品种不同，习性也各异。

很多种蜘蛛会结网。它们结网用的丝来自附肢上的丝囊。丝囊能分泌一种黏液，若暴露在空气中，便会凝结成纤细的蛛丝。蛛丝轻便且弹性好，可以来结网。不同种类蜘蛛结出的网的形状也不太一样，有的是圆网，有的是漏斗网，有的是三角网，还有的是不规则网。

多数蜘蛛体内含有毒液，通过螯肢上的螯牙将毒液注入敌人或猎物体内，可以使其中毒。

狼蛛

分类 蛛形纲 – 蜘蛛目 – 狼蛛科

食物 各种害虫等

狼蛛是世界上体型最大的毒蜘蛛，个性凶猛，行动敏捷。它们不靠蜘蛛网来蹲守猎物，喜欢从猎物身后直接对其发起进攻，然后一举将其拿下。

由于狼蛛是极具代表性的蜘蛛之一，而且行为复杂多变，因此本书特意对其进行介绍。

狼蛛捕食的对象有老鼠、青蛙、小型鸟类等。狼蛛毒性很强，遭其毒牙攻击，猎物要么中毒而死，要么全身麻痹不能动弹，即使是像人类这样大体型的也可能被毒死。捕食的时候，它们会很讲究策略，经常隐藏在沙砾中，不容易被发现。狼蛛虽然凶猛，有时甚至会吃掉同类，但对幼狼蛛却十分疼爱。母狼蛛为了喂养幼狼蛛，经常忍饥挨饿，直到幼狼蛛长大后才开始恢复进食。

黄蜂是狼蛛的天敌。其可以用螯针将狼蛛麻醉，然后将卵产在狼蛛腹部，使幼虫寄生在狼蛛身上。

蝎子

分类 蛛形纲－蝎目

食物 蜘蛛、小蜈蚣、昆虫的幼虫等

蝎子是蛛形纲蝎目动物统称，种类超过1 000种，大多生活在热带或温带地区。它们一般生活在阴暗、潮湿的地方，因惧怕强光刺激，通常晚间或光线暗时出来活动。

蝎子体型瘦长，姿势奇特：行走时，尾部平展，只有尾节微微向上卷起；静立时，整个尾部都会向上卷起，尾部毒针朝前；对敌时，则将尾部使劲向后弹。

捕猎时，蝎子先用两只有力的螯肢夹住猎物，再动用尾部的毒针将其毒杀，最后慢慢享用。

蝎子嗅觉灵敏，对农药、化肥、油漆等十分畏惧和厌恶。

螨

分类 蛛形纲－蜱螨目

食物 因种类不同而相差较大

螨虽然是节肢动物，但身体不分节，而是融合为一个整体，体型小，许多螨的体长还不到1毫米。螨的种类繁多，全世界约有20 000种。螨几乎无处不在，地面上、土壤中、水下、人的身体上，都有螨存在。

“虫虫”趣闻

有一种螨，人人都会接触到——这便是尘螨。尘螨极微小，肉眼无法观察到，却无处不在，居室中的地毯、床垫和家具套等是尘螨孳生的主要场所，人脱落的毛发、皮屑上也都有尘螨寄居，可以说它们孳生在室内的任何地方。尘螨对人的威胁极大，其尸体和排泄物容易引起有过敏体质的人发生过敏反应，如哮喘和过敏性鼻炎等。

尘螨一般喜欢温暖、潮湿的环境，所以室内要经常通风，被套等应经常换洗并晾晒。

蜗牛

分类 腹足纲－柄眼目－蜗牛科

食物 植物茎、叶、花、果及根等

蜗牛是一种陆生的贝壳类软体动物，身上有一个壳，移动起来速度极慢。蜗牛喜欢阴暗潮湿的环境，通常会选择充满疏松腐殖质的地方栖息。

“虫虫”趣闻

蜗牛会分泌一种黏液，这种黏液非常有用。比如，当蜗牛遇到敌人的时候，先将暴露在外的头和足缩回壳内，然后分泌黏液将壳口紧紧封住，这样就能躲避敌人的攻击了。又如，它们行走在路上时会不停分泌黏液并将其铺在路上，因为有了黏液的保护，哪怕在刀刃上移动也不会受伤，同时还能防备蚂蚁等的攻击。

蜗牛的口器里有一条矩形的舌头，其上布满牙齿，这种结构被称为“齿舌”。

蚯蚓

分类 寡毛纲－单向蚓目

食物 腐烂的有机物等

蚯蚓生活在土壤中，对改善土壤质量有重要的作用。蚯蚓没有骨骼，长长的身体被分成许多节，除前两节外，其他各节上都长有刚毛，有助于其牢牢抓住土壤。

“虫虫”趣闻

蚯蚓通过体表气体扩散的方式呼吸，所以必须生活在潮湿的环境中。为了保持皮肤湿润，它们的背孔不时分泌黏液来滋润全身。

蚯蚓生活在土壤里，不时打洞穿行，这种行为一方面增加了土壤的透气性；另一方面混合了土壤，将许多重要矿物质带到了地表。与此同时，它们还喜欢把树叶和一些腐殖质拖入自己的洞穴中，这样可以使土壤变得更加松软，因此更适合植物生长。

蚯蚓虽然没有足，但是有刚毛，靠着肌肉的收缩和刚毛的帮助，它们也就能“行走”了。

水蛭

分类 水蛭纲－咽蛭目－水蛭科

食物 动物血液

水蛭又名蚂蟥，是一种雌雄同体的生物。全世界约有700种水蛭，有的栖息于陆地，有的栖息于淡水中，还有一些生活在海洋里，但无论如何，它们都是以动物的血液为食的。

“虫虫”趣闻

水蛭是如何吸血的呢？原来，它们的头部和尾部各有一个吸盘，能帮助它们吸附在寄主身上而不容易被甩开；头部有口器，它们附着在寄主身上后，口器便刺入皮肤，先注入麻醉剂麻痹寄主，然后开始吸血。由于身体被麻痹了，所以寄主刚被吸血时往往没有感觉，等有感觉时已被水蛭吸走很多血了。

水蛭虽然雌雄同体，但却必须交配才能繁殖。

图书在版编目（CIP）数据

认昆虫 / 新华美誉编著 . -- 北京 : 北京理工大学出版社 , 2021.8
（童眼看世界）
ISBN 978-7-5763-0015-4

Ⅰ . ①认… Ⅱ . ①新… Ⅲ . ①昆虫—儿童读物 Ⅳ . ① Q96-49

中国版本图书馆 CIP 数据核字 (2021) 第 136470 号

出版发行 / 北京理工大学出版社有限责任公司
社　　址 / 北京市海淀区中关村南大街 5 号
邮　　编 / 100081
电　　话 /（010）68914775（总编室）
（010）82562903（教材售后服务热线）
（010）68944723（其他图书服务热线）
网　　址 / http://www.bitpress.com.cn
经　　销 / 全国各地新华书店
印　　刷 / 天津融正印刷有限公司
开　　本 / 850 毫米 × 1168 毫米　1/32
印　　张 / 16
字　　数 / 240 千字
版　　次 / 2021 年 9 月第 1 版　　2021 年 9 月第 1 次印刷
定　　价 / 80.00 元（全四册）

责任编辑 : 封　雪
文案编辑 : 毛慧佳
责任校对 : 刘亚男
责任印制 : 施胜娟

北京理工大学出版社
BEIJING INSTITUTE OF TECHNOLOGY PRESS

写给小读者

神奇的世界有各种各样的动物，还有各种各样的植物，它们让这个世界变得更加生动有趣。其中，各种各样的花草又尤为特别，因为它们既是动物们的食物来源，又能美化我们的环境，还能形成一种文化。

你看，中国传统十大名花，哪一种不是受万人追捧的，又有哪一种无人为其赋诗？再说，那些用于观叶的爬山虎、含羞草等，不也深受大家的喜爱？走在街上、回到家中，看到各种各样的花草，看着它们随着季节出现各种变化，心情都会好很多。如果喜欢，你还可以尝试着自己种植花草，观察它们的成长过程。

目录

中国传统十大名花

其他花卉

观叶植物

奇妙的草

中国传统十大名花

1987年4月5日，经过近5个月的投票评选后，“中国传统十大名花”最终出炉了。它们分别是梅花、牡丹、菊花、兰花、月季、杜鹃、茶花、荷花、桂花、水仙。中国传统十大名花在中国栽培历史悠久，观赏价值高，又极具民族特色。所谓民族特色，是指这十种花中的任何一种，都能折射出中国人的一种精神气质，代表了一种文化底蕴。

梅花

分类 蔷薇目－蔷薇科－杏属

别名 干枝梅、乌梅

原产地 中国

梅花原产于中国，一般在冬春季节开放，正如王安石诗中所写："墙角数枝梅，凌寒独自开。遥知不是雪，为有暗香来。"正因为如此，梅花才深受古代文人的推崇，认为其坚韧挺拔，英勇无畏。

花之气韵

梅花盛开时，树干上只有一朵朵鲜花，而没有绿叶，满枝花朵娇俏可爱，不管是在庭院中观赏，还是折来插在花瓶中细品，都有一种雅趣。直到花朵渐渐凋谢，绿叶才慢慢长出。梅树结的果实被称为梅子。

梅花在中国有特殊的文化意义，与兰花、竹子、菊花一起被誉为"四君子"，又与松树、竹子一起被尊为"岁寒三友"，是文人墨客赞美次数最多的花卉之一。

梅花不畏寒冷干燥环境，却畏惧过于潮湿的土壤环境，在排水不好的土壤中不能很好地开花。

牡丹

分类 毛茛目 - 毛茛科 - 芍药属

别名 富贵花、洛阳花

原产地 中国

牡丹是中国最重要的观赏花卉之一，落叶小灌木，植株高度可达两米，花朵硕大，花色清丽，花色丰富，花瓣层次多样，极具观赏性。

花之气韵

牡丹韵压群芳，被誉为花中之王，在中国拥有悠久的栽培历史，并形成了独特的牡丹文化。人们栽种牡丹，欣赏牡丹，赞美牡丹，并且把牡丹变成了中国的一张植物名片，将牡丹推向了世界。日本、荷兰、英国等国都有引种，尤其是日本，早在公元8世纪就有引种。

现在，人们看到的牡丹品种非常多，但其实都是以原产的牡丹、黄牡丹和紫牡丹三个品系为亲本选育出来的。

盛开的牡丹有一种雍容华贵之美，刘禹锡曾写诗赞道："唯有牡丹真国色，花开时节动京城"。

菊花

分类 桔梗目－菊科－菊属

别名 寿客、隐逸花、黄华等

原产地 东亚

“采菊东篱下，悠然见南山。”东晋诗人陶渊明的这句诗赋予了菊花“隐士”的雅号。菊花，一种多年生宿根草本植物，中国传统的十大名花之一，同时也是世界上较受欢迎的鲜切花之一。

花之气韵

菊花是经过长期人工选种培育的观赏花卉，中国自古就有养菊花、赏菊花的习惯。约在唐代，菊花从中国传入日本；17 世纪以后，菊花从中国相继传入欧洲和美洲。

作为最早观赏菊花的国家，中国栽培菊花的历史已有 3 000 多年。在这漫长的岁月中，勤劳的人们不仅培育出了数千个菊花品种，还创造了独特的菊花文化。人们把菊花视为君子、隐士，以菊花喻高洁的品质，写诗赞美它。

在中国的传统习俗中，每年重阳节，人们都要喝菊花酒并赏菊花。

兰花

分类 微子目－兰科－兰属

别名 兰草、山兰、幽兰、芝兰

原产地 中国（特指中国兰）

兰花是多年生的草本植物，也是中国最受欢迎的一种观赏花卉，但需要注意的是中国传统文化中所指的“兰花”专指“中国兰”。中国兰就是原产于中国的若干兰科兰属中的地生兰，即春兰、建兰、蕙兰、墨兰、寒兰等。

花之气韵

中国兰株形挺拔，气韵秀雅、端庄，花姿优美，花香清而不浊、幽然飘远，给人一种质朴文静与淡雅高洁的印象，因此深受文人喜爱。与中国兰相对的是热带兰，它们分布在热带和亚热带地区，花朵大而花色艳丽，带有一种华丽之风。

中国人爱兰花，不仅写诗来赞美兰花，更是以兰花来赞美人，如用“兰章”来比喻诗文优美，用“兰交”来赞友谊真挚，等等。

市场上有一种叫作“大花蕙兰”的观赏花卉，但它跟中国兰中的“蕙兰”并无关系，其实是虎头兰和附生兰的杂交后代。

月季

分类 蔷薇目－蔷薇科－蔷薇属

别名 月月红、四季花、胜春

原产地 中国

月季是一种直立灌木花卉，花期极长，在某些地区可以算是四季常开，所以又被称为“月月红”。月季的花朵大，花色繁多，花型优美，常被用来装点城市街道，也常被用作鲜切花的花材。

花之气韵

月季是一种很容易繁殖的植物，随手在院子里种下一株月季，若干年后可能就能繁殖出一整片出来。月季的繁殖方式多种多样，不仅能用种子繁殖，还能用扦插、压条、分株（将新长出的小株丛从母株中分离）等方法来繁殖。月季在任何环境中都能迅速成长，“花落花开无间断”，所以往往被视为“坚韧不屈”的精神象征，深受中国人的喜爱。

中国栽培月季花的历史可以追溯到汉代。

杜鹃花

分类 杜鹃花目－杜鹃花科－杜鹃花属

别名 映山红、满山红、山石榴等

原产地 中国

杜鹃花是中国常见的一种花卉，全世界有杜鹃花 960 余种，而其中超过 60% 原产于中国。在我国的云贵川地区，漫山遍野都能盛开着杜鹃花，极为美丽壮观。杜鹃花大约在唐代已经开始出现在人们的庭院。

花之气韵

杜鹃花除了被用于观赏外，还常被赋予文化意义，古代很多文人墨客都为它赋过诗。如唐代诗人李白就曾题诗：“蜀国曾闻子规鸟，宣城还见杜鹃花。一叫一回肠一断，三春三月忆三巴。”杜鹃花正好在清明节前后盛开，再加上诗歌的流传，慢慢地便与“乡愁”有了联系。

另外，民间还常有食用杜鹃花的习俗。小孩子直接摘了花朵鲜食，大人们取了花瓣做菜或糕点，都是常有的事。

约19世纪中期以后，西方人不断从中国大量盗采杜鹃花标本和种苗，我国杜鹃花种群也因此受到了极大的破坏。

山茶

分类 山茶亚目－山茶科－山茶属

别名 茶花、薮春、耐冬等

原产地 中国

山茶是一种常绿灌木，原产于中国，并深受中国人民的喜爱。中国从很早就开始种植山茶了，到公元7世纪时山茶才陆续传播到日本和亚洲其他国家，而欧美国家大约在18世纪后才见到山茶花。

花之气韵

在我国，山茶主要分布在长江流域、珠江流域和云南等地，其中尤以云南所产山茶数量最多、品种最丰富，并且花色、花姿、花朵大小、开花时长都遥遥领先于其他地区所产山茶花。事实上，山茶花的花期很长，能从前一年的10月一直开到第二年的5月。

山茶还是一种非常好的绿化植物，植株对二氧化硫、硫化氢、氟化氢等各种有害气体有良好的抗性，能有效净化空气。

山茶的花瓣富含营养，味道鲜美，现在常被用来制作沙拉、点心等佳肴。

荷花

分类 毛莨目－睡莲科－莲属

别名 莲花、水芙蓉、菡萏、芙蕖等

原产地 中国

荷花是一种多年生宿根水生花卉，也是一种极具文化符号的花卉，文人爱它“出淤泥而不染，濯清涟而不妖”，而佛教则视它为圣洁之花。我国约从3 000年前已开始栽培荷花。

花之气韵

作为水生花卉，荷花的根和茎通常都藏在水下的淤泥之中，在餐桌上常见的“藕”就是它的茎——茎内中空有孔，空气通过荷叶和叶柄传输到藕中，再由藕传递给根。荷叶与荷花挺出水面，叶大而圆，挺而不屈；花大而清香，花瓣轻盈飘逸，圣洁高雅。《群芳谱》中赞荷花是“花中之君子也”，周敦颐认为它“可远观而不可亵玩焉”。

一根茎上产生两朵荷花，称为并蒂莲，古人将其视为吉祥的象征，用来比喻夫妻恩爱以及兄弟之间的手足情深。

桂花

分类 捩花目－木犀科－木犀属

别名 岩桂、木犀、九里香

原产地 中国

桂花是中国极受欢迎的一种观赏花卉，在中国南方各城镇多有种植，因叶脉形如古代的“圭”，所以被命名为“桂”。一到秋季，桂花盛开，香气浓郁而清甜，随风入室，令人心怡。

花之气韵

晋代名臣郄诜学识渊博，很有才干，一次晋武帝问他对自己有什么评价，郄诜便言“犹桂林之一枝，昆山之片玉”，意思是说自己“像月宫中的一段桂枝，昆仑山上的一块宝玉”。这便是“蟾宫折桂”的出处。唐代以后，科举考试的乡试和会试一般在桂花飘香的秋季举行，所以人们便常用“桂”来比喻秋试及第的人，称他们是“蟾宫折桂”。因此，很多人家中会种上一两株桂花，以此来表吉祥的寓意。

桂花可以用来酿酒、泡茶，
制桂花露、桂花糖、桂花糕等。

水仙

分类 百合目－石蒜科－水仙属

别名 凌波仙子、金盏银台、玉玲珑等

原产地 欧洲

水仙是一种常见的观赏花卉，因生在水中且花姿清雅，宛若仙子凌波而行，故名“水仙”或“凌波仙子”。其实水仙原产于欧洲，约唐代时从东罗马帝国传入，并迅速成为中国人最喜爱的花卉之一。

花之气韵

水仙是一种很好的盆景植物，相较于其他植物需要花几年甚至数十年才能塑型成功，水仙却能在一个花期就塑型成功，所以深受盆景爱好者喜爱。给水仙造型，主要是指雕刻水仙的鳞茎，雕刻好以后，叶子从鳞茎顶端的筒状鞘中抽出，而花茎则从叶片中抽出。雕刻技术好的水仙盆景千姿百态，十分奇妙。

水仙多在春节前后开放，花期可达1~3个月，单花能保持十五天而不凋谢，所以成为春节常见摆花。

其他花卉

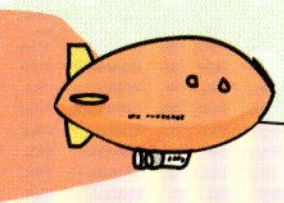

在中国，除了风韵独特的“中国传统十大名花”外，还有哪些花卉也在点缀着人们的生活呢?

迎春花开后万物复苏，丁香迎夏，凤仙花可染指甲，昙花在夜里开放……如果你爱国画，一定经常看到海棠图；如果你有院子，不妨种上几株绣球，静待花开。

海棠花

分类 蔷薇目－蔷薇科－苹果属

别名 解语花、海红

原产地 中国

海棠花是一种常见的落叶乔木，树姿峭立，花朵繁多而清丽，是深受人们喜爱的一种观赏花卉。

花之气韵

在我国，海棠花被誉为“花中神仙”，看到这个名字就知道此花雅而不俗。春季海棠花开，初时花苞呈深红色，待花瓣展开时则逐渐变成浅红色或粉色，还有一些是白色的，颜色清新脱俗。

在中国园林中，海棠花经常
被与玉兰、牡丹、桂花一起栽培，
寓意“玉棠富贵”。

绣球花

分类 蔷薇目－虎耳草科－绣球属

别名 八仙花、粉团花、紫阳花

原产地 日本、中国

绣球花名八仙花，属灌木类观花植物，是一种常见的庭院植物。绣球花的花朵极美，花的形状近球形，犹如绣球一般，花色繁多，有粉红色、淡蓝色、白色等，花开时令人赏心悦目。

花之气韵

绣球花喜温暖、湿润的气候，不耐晒，在半阴环境中生长情况良好。绣球花在 18 ~ 28℃的温度条件下生长情况良好，冬季不能低于5℃。绣球花的颜色与栽培的土壤相关。一般来说，绣球花喜欢疏松、肥沃且排水良好的土壤——如果土壤呈酸性，则花朵会偏淡蓝色；如果土壤呈碱性，则花朵会偏淡粉色。很多人据此来调整土壤的酸碱性，以便让绣球花开出自己喜欢的颜色来。

夏季光照强，要对绣球花进行适当的遮阴以便延长花期，同时也是在保护植株。

丁香

分类 捩花目－木犀科－丁香属

别名 百结、情客、龙梢子

原产地 中国等

丁香属植物是落叶灌木或小乔木，枝叶繁茂，花色繁多，花香四溢，大部分为观赏用，有些种类可供蜜蜂采蜜，有些种类则可以用来提取芳香精油。此外，丁香树还是一种很有用的木材，可用来制作家具等。

花之气韵

丁香分布范围广泛，喜温暖、湿润的气候，需要充足的光照，若光照不足，则花少叶稀。虽然丁香需要在温暖、湿润气候下才能长得好，但也有一定的耐寒性和耐旱性。至于土壤，丁香对其要求并不高，即使在贫瘠环境下也能生长。不过，如果把它栽种于容易积水的土壤中，则不容易存活，严重的会导致整棵植株死亡。

丁香对二氧化硫、氟化氢等多种有毒气体具有较强的抗性，是很好的绿化植物。

茉莉花

分类 捩花目 – 木犀科 – 素馨属

别名 香魂、木梨花

原产地 亚洲南部

茉莉花是一种观赏型灌木花卉，花白色，花香浓郁持久，深受人们的欢迎。中国约从汉代就已经开始种植茉莉花了。

花之气韵

在我国，茉莉花一般种植在南方地区，花期从夏天一直延续到秋天，树上每天都能孕出新蕾。花开时节，人们将花骨朵摘下串成花环，或是随身佩戴，或是挂在车内，用来熏香。福建等地的人们制绿茶时，还经常取含苞待放的双瓣茉莉花，通过特殊的制茶工艺，将其熏制成茉莉花茶——这种茶香气醇厚且浓烈，十分受欢迎。

茉莉花有单瓣茉莉花、双瓣茉莉花和多瓣茉莉花之分，不同类型的茉莉花的花朵大小不一样，香味浓淡也有所区别。

迎春花

分类 捩花目－木犀科－素馨属

别名 小黄花、金腰带、黄梅、清明花

原产地 中国

迎春花是一种落叶灌木，植株直立或匍匐，枝条下垂，花先于叶开放，金黄色，有淡淡的香味。春季，迎春花开得最早，其他花紧追其后陆续开放，所以人们往往将迎春花开视为春天到来的信号，故称它为“迎春花”。

花之气韵

迎春花是中国常见的花卉之一，花色端庄秀丽，常于料峭寒风中最先开放，所以和梅花、水仙与山茶一起被人们誉为“雪中四友”。

迎春花喜欢温暖而湿润的气候，又略耐寒，喜光并且怕涝，在酸性土壤中生长得旺盛，在碱性土壤中则长得不好。另外，迎春花还具有良好的繁殖能力，根部萌发力强，在合适的环境中很容易繁殖出一整片。

迎春花不仅可用于观赏，还是一种中药，而且全株都能入药。

木芙蓉

分类 锦葵目－锦葵科－木槿属

别名 芙蓉花、拒霜花、木莲、华木等

原产地 中国

木芙蓉，又名芙蓉花，属落叶灌木或小乔木，株高可达三米。花单生于枝端叶腋间，品种较多，有单瓣花，也有重瓣花，花色多，花朵颜色艳丽。我国栽培木芙蓉历史悠久，人们喜欢将它种植在庭院中、路旁、水边等。

花之气韵

木芙蓉是一种喜光植物，但在光照略差的地方也能正常生长。其喜欢温暖、湿润的气候，不耐寒，如果在北方户外种植，植株的地上部分会在冬天冻死，但第2年春天又能重新萌发新条，而且生长比较快。需要注意的是，春季需要给植株补充水分和肥料，这样其才能更好地生长和开花。一般来说，春季、秋季阳光充足，夏季略有荫蔽的环境，木芙蓉能更好地生长和开花。

五代十国时期，后蜀第二任皇帝孟昶在都城“成都”遍种木芙蓉，每到开花时节，成都“蔚若锦绣”，从此成都也就有了“芙蓉城”的美称。

蜀葵

分类 锦葵目－锦葵科－蜀葵属

别名 一丈红、大蜀季、斗蓬花等

原产地 中国

蜀葵是一种二年生直立草本植物，株高可达2米。蜀葵花期很长，花朵硕大，花色多样，有白色、粉色、红色、紫色等，花瓣有单瓣也有重瓣，是一种生机勃勃的观赏花卉。

花之气韵

蜀葵原产于我国四川地区，所以名为“蜀葵”，又因植株可能长到约一丈（约3.3米），所以又有“一丈红”之名。这种花卉喜生长于阳光充足的地方，但又较为耐寒，所以在我国分布很广，即使北方寒冷之地也有生长。

蜀葵全身都是宝，其嫩叶和花都可以食用，全株都能入药，从花朵中提取的花青素可作为食品着色剂使用，所以，深受人们喜爱。

用种子繁殖蜀葵的时候，可以选择在秋天播种，这样来年能开花；如果春天播种，当年不易开花。

栀子花

分类 茜草目－茜草科－栀子属

别名 黄栀子、山栀

原产地 中国

栀子属常绿灌木，原产于我国温暖地区，喜欢温暖、湿润气候，在适宜的环境中四季枝繁叶茂，是很好的绿化植物。栀子夏季开花，花朵清丽，花瓣洁白，花香扑鼻，十分受人欢迎。

花之气韵

栀子花喜欢光照充足、通风良好的环境，喜温湿，栽培时要勤浇水。

除了观赏外，栀子花在中国还常被视为中药，其根、叶、花和果实都可入药，具有清热利尿、凉血解毒等功效。和许多能入药的植物一样，栀子花还能做成各种佳肴，如凉拌栀子花、栀子蛋花、栀子花炒笋等。

栀子花虽然有种子，但是人们一般喜欢用扦插、压条、分株等方法来对其进行繁殖。

百合花

分类 百合目－百合科－百合属

别名 强瞿、番韭、山丹、倒仙等

原产地 中国等

百合花是一种深受人们喜爱的花卉，属多年生草本球根植物，原产于北半球的温带地区，中国是其重要的原产区之一。百合花是世界上较为重要的鲜切花之一，其花朵硕大，花瓣俏丽多姿，是花店里的主要售品。

花之气韵

百合花是多年生的草本植物，多以鳞茎繁殖，而百合花鳞茎又常被人们入药或食用。秦汉时期的《神农本草经》中就记载了百合花的药用之效，称它“利大小便，补中益气”。现代中医普遍认为百合花具有润肺止咳、清热解火之功效，是对人体非常好的药草。约南北朝时期，就已经有了明确的文献记载人们蒸煮百合花鳞茎食用的事情，现代人也常用百合花炒菜或煮粥，甚至特别培育了适合食用的品种。

百合花寓意“百年好合”，所以是中国人婚礼上的常用装饰花卉，代表对新人最佳的祝福。

番红花

分类 百合目－鸢尾科－番红花属

别名 藏红花、西红花

原产地 欧洲南部

番红花又名藏红花，所以很多人误以为它原产于我国西藏地区，其实它原产地在欧洲南部，明朝时期才传入中国。番红花不仅极具观赏价值，还被视为良好的香料和药材，十分珍贵。

花之气韵

番红花是一种多年生的草本花卉，以球茎栽培繁殖，花朵淡蓝色、红紫色或白色，有香味，花柱橙红色。番红花的柱头一直以来被视为珍贵的药材，不仅在亚洲，在欧洲也是如此，人们认为它具有镇静、祛痰、解痉等作用。

此外，番红花更是非常美丽的花卉，花朵娇柔，花色典雅多变，香气宜人，适合装点花坛、庭院甚至案头，深受大众喜爱。

在欧洲，番红花是厨房中必不可少的高等香料，兼具为菜肴上色及提香等功能。

石蒜

分类 百合目－石蒜科－石蒜属

别名 龙爪花、蟑螂花、曼珠沙华、彼岸花

原产地 中国

石蒜是一种多年生的草本植物，鳞茎近球形，原产于中国长江流域和西南地区，日本也有分布，喜阳、耐半阴，喜湿润环境，多野生于阴湿山坡和溪沟边。石蒜一般在8—9月开花，花枯萎后抽叶，花叶永不相见。

花之气韵

石蒜又名曼珠沙华、彼岸花，这两个名字均源于日本。曼珠沙华是日文的音译。日本盛产石蒜，并且这种花经常开在墓地附近，颜色鲜红似血，花期又近日本祭礼的时间“秋分”，而且花叶不相见，所以日本人将这种花视为死亡和不祥的花朵，经常用在丧礼上，更称之为死亡之花。同时，日本人又将“春分”和“秋分”分别称“春彼岸”“秋彼岸”，石蒜盛开于秋分，所以又称彼岸花。

石蒜经常被用于园林配植，比如种植于花境中或者林中，或是路旁、屋角等处。

韭兰

分类 百合目－石蒜科－葱莲属

别名 风雨兰、韭莲

原产地 南美洲

韭兰是一种多年生的草本植物，鳞茎卵球形，叶片线形，跟韭菜叶非常相似，“韭兰”这个名字便由此而来。韭兰原产于南美，但现在我国各地均有栽培，在肥沃、排水良好的沙土中生长得良好，但不耐寒。

花之气韵

韭兰为丛生，叶片纤细，即使只是观叶，也深受人们喜爱。花期为4—9月，花茎自叶丛中抽出，花瓣呈粉红色，在阳光下尽显娇艳可爱。

由于韭兰终年常绿、花朵繁多、花期长，所以在园林上这种花卉深受人们喜欢，经常被用于花坛、花径、草地镶边种植，或用于半阴处地被花卉，也用于盆栽观赏。

韭兰鳞茎的分生能力很强，
栽培上多靠鳞茎分生繁殖。

朱顶红

分类 百合目 – 石蒜科 – 朱顶红属

别名 柱顶红、孤梃花、华胄兰等

原产地 巴西、秘鲁

朱顶红是一种多年生的草本植物，鳞茎近球形，叶子在花开后抽出。夏天开花，每株能开花2 ~ 4朵，花朵硕大，花瓣娇艳，非常漂亮，是一种非常受欢迎的观赏花卉。

花之气韵

朱顶红喜欢温暖、湿润的气候，不耐热，也不耐寒。夏季高温酷暑时不能置于太阳底下暴晒，最好能放在凉爽且有散射光照射的环境中。冬季处于休眠期，生长温度不能低于5℃，又以10 ~ 15℃为宜。如果冬天土壤湿度过大、生长温度过高，茎叶生长旺盛，朱顶红的休眠就会被妨碍，后果便是第二年可能无法开花。

在一些传说中，朱顶红被认为是天上的星宿，能够指引迷茫的人前行。所以，它也被视为是给人以信心和力量的花卉。

倒挂金钟

分类 桃金娘目－柳叶菜科－倒挂金钟属

别名 吊钟海棠、吊钟花、灯笼花

原产地 墨西哥

倒挂金钟是一种多年生的观赏花卉。株高 0.5 ~ 2 米，茎直立，多分枝。花单生于嫩枝上，具有长梗而花朵下垂，好似灯笼悬于枝条之上，雅致可爱。

花之气韵

倒挂金钟原产于墨西哥一带，现在广泛分布于全世界，在我国也深受欢迎。倒挂金钟对生长环境要求颇高，如果不细心，则不容易养活。倒挂金钟喜欢凉爽湿润的环境：夏季惧高温和强光，既不耐雨淋日晒，又怕土壤干燥；冬季生长温度不能低于 5℃。对于种植倒挂金钟的土壤，则以肥沃、疏松的微酸性壤为宜，且要求排水良好。

倒挂金钟是很多盆栽爱好者的栽种首选，可以用来装点客厅、书房、花架等。

向日葵

分类 桔梗目－菊科－向日葵属

别名 朝阳花、向阳花、望日莲等

原产地 北美洲

向日葵是一种十分常见的一年生草本植物，夏季开花，花大而炫目，花盘直径10～30厘米，在花朵盛开之前，花盘始终面朝太阳，所以被称为“向日葵”。植物原产于北美洲，约明朝时期传入中国。

花之气韵

向日葵具有“向阳而生”的特性，植株顶端和初开的幼嫩花盘，白天会随着太阳从东转向西，傍晚之后才慢慢往回摆，夜里三四点的时候回到朝东方向，周而复始。这是因为，生长素多堆积于植株顶端背光处，所以此处生长得较快，导致茎秆朝光源处弯曲。待太阳落山后，生长素重新分布，植株恢复正常。

向日葵的花朵并不是一生
都向着太阳的，当花盘长到
一定程度就会固定朝东生长。

牵牛花

分类 管状花目－旋花科－牵牛属

别名 朝颜、喇叭花

原产地 美洲

牵牛花，又名“朝颜”，清晨绽放，但朝开夕败，花期极短。花开时间虽然极短，但花瓣却一日三变，初开时是蓝色的，慢慢变成紫色，甚至会变成红色，十分有趣。牵牛花的花瓣形如喇叭，所以又经常被称为“喇叭花”。

花之气韵

牵牛花是一种蔓生植物，原产于美洲，中国大约从明代开始就有栽培。这种植物喜欢温暖、向阳的环境，不耐霜冻，但较耐旱、耐贫瘠，栽培难度不大。家庭种植牵牛花的时候，如果想要植株多开花，除了要定期施肥外，还可以做一个小处理：每天及时摘除凋零的花朵，不让其结籽消耗养分。

牵牛花的花瓣中含有丰富的花青素。花青素在不同的酸碱环境中会呈现不同的颜色，随着气温、环境等条件的变化，酸碱环境也不断发生变化，从而导致花朵变色。

碧冬茄

分类 管状花目－茄科－碧冬茄属

别名 矮牵牛、毽子花、番薯花

原产地 阿根廷

碧冬茄是一种一年生草本植物，俗名“矮牵牛”。其实它与“牵牛”并没有亲缘关系，它们分属不同的科属，是两种完全不一样的植物。

花之气韵

碧冬茄现广泛分布于全世界，我国南北方均有大量栽培，多用于园林绿化。碧冬茄花朵大，花冠有单瓣的、半重瓣的，花色有白色的、红色的、粉色的、紫色的、蓝色的、黑色的等，因此十分适合用来造景造型，被人们视为“花坛皇后”。不管是节庆时期，还是寻常日子，人们经常能看到用各色碧冬茄装点的花坛。

碧冬茄属于长日照植物，
生长期必须得到充足的阳光
照射和充足的水分补给。

茑萝

分类 管状花目 – 旋花科 – 茑萝属

别名 金丝线、锦屏封、茑萝

原产地 美洲

茑萝是一种一年生藤蔓植物。其叶纤细秀丽，叶腋处生长出细长花梗，一梗生长一花或数花，花朵形似五角星，花冠或鲜红欲滴或白衣胜雪，微风轻拂，花叶轻颤，袅袅娜娜，十分美丽。

花之气韵

“茑萝”二字出自《诗经·小雅》，诗云“茑为女萝，施于松柏”，意思是“亲戚相互依附”。“茑”指桑寄生，“女萝”则指菟丝子，古人用“茑和女萝”比喻亲戚关系。茑萝的形态跟这两种植物十分相似，所以就合二者之名将其命名“茑萝”。

茑萝花期很长，在南方一些地区可以从4月一直开到11月，但不耐低温。

凤仙花

分类 无患子目－凤仙花科－凤仙花属

别名 指甲花、急性子、凤仙透骨草

原产地 中国、印度

凤仙花是一种常见的一年生草本植物，在中国大部分地区都可栽培，是家养花卉中最容易成活的一种。凤仙花有红色、粉色、白色等，而且花姿清丽，花盛开后纷繁如凤，故而又被称为“金凤花”。

花之气韵

在古代，女孩子们可是很喜欢凤仙花的，因为它的花瓣可以染指甲。元代诗人杨维桢曾写诗道“弹筝乱落桃花瓣”来赞美凤仙花染过的指甲宛若片片桃花瓣。

在中国，凤仙花不仅可以观赏和染指甲，还能制作美食。人们通常用凤仙花的嫩叶、种子等为食材制作佳肴。

凤仙花对氰化氢极为敏感，空气中只要有氰化氢，它就会枯萎。

鸡冠花

分类 中央种子目－苋科－青葙属

别名 鸡公花、老来红等

原产地 印度、非洲等

鸡冠花，一种常见的一年生草本花卉，株高30～80厘米，夏季开花，因花形似鸡冠而得名。鸡冠花在世界各地均有栽培，我国各地都将它纳入常用庭院植物之列。

花之气韵

鸡冠花喜欢温暖干燥的环境，喜欢阳光照射，不耐旱，也不耐涝，对土壤要求不高，很容易繁殖生长。鸡冠花品种很多，株型有高、中、矮三种，花形有鸡冠状、火炬状，扇面状等，花色有红色、紫色、白色、黄色、黄白相间等。鸡冠花常被用来配置夏季的花坛、花境等，也常被种花初学者用来练手。

鸡冠花不仅可用于观赏，种子和花还可入药。

昙花

分类 仙人掌目－仙人掌科－昙花属

别名 月下美人

原产地 南非、墨西哥等地

昙花是一种经常听说，却较少见到开花的植物，因为它一般只在夜间开放，并且每朵花只能绽放 4 ～ 5 小时。昙花的花朵非常漂亮，所以人们便用“昙花一现”这个成语来形容一闪而逝的美好事物。

花之气韵

昙花一般在夜间开放，花开时芳香四溢，一瓣瓣洁白的花瓣温柔展开。其实，昙花选择在夜间开放，与其原产地气候有很大关系。昙花原产地白天烈日炎炎，水蒸发很快，娇嫩的花朵承受不了，只能等夜里凉爽了再开花。

只要将已经长出花蕾的昙花白天置于暗室，夜晚给予光照，连续调控一周左右，便能在早上开花。

鹤望兰

分类 芭蕉目－芭蕉科－鹤望兰属

别名 天堂鸟、极乐鸟花

原产地 南非

鹤望兰是一种常见的观赏花卉，尤其经常被用于鲜切花插花中。鹤望兰花姿独特，花茎高于叶片，花朵高挺，犹如仙鹤昂首远望，所以被称为“鹤望兰”。

花之气韵

鹤望兰被誉为“鲜切花之王”，不仅是因为它的花朵和叶片都有很大的观赏价值，还因为它的花期很长，夏天能开放20天而不败，冬天甚至能连续开放50天。

鹤望兰喜温暖的气候，我国南方可露天栽培。在南非，人们将鹤望兰视为自由和幸福的象征。

鹤望兰是一种鸟媒植物，在原产地多靠蜂鸟传播花粉来繁殖。

美人蕉

分类 芭蕉目－美人蕉科－美人蕉属

别名 红艳蕉、小芭蕉

原产地 美洲、印度、马来半岛等

美人蕉是一种多年生直立草本植物，株高可达 1.5 米，叶片宽大，呈长椭圆形。其花朵自茎顶抽出，花瓣有粉红色、橙黄色、黄色、乳白色等，十分漂亮。

花之气韵

美人蕉喜温暖湿润气候，生长环境需要阳光充足，不耐严寒与霜冻，耐瘠薄，但在疏松肥沃、排水良好的土壤中生长良好。在中国南方可越冬栽培，在中国北方则需要人工保护才可越冬。

美人蕉具有吸收二氧化硫、二氧化碳、氯化氢等的功能，还有美化环境的作用。

观叶植物

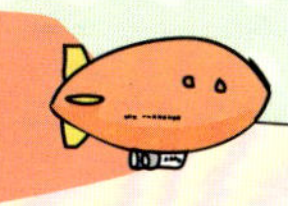

以观赏花朵为主的植物被称为“观花植物”，以观赏叶片叶为主的植物自然就被称为“观叶植物”了。

所谓观叶植物，一般指叶形和叶色突出的小型木本或草本植物。观叶植物大多需光量较少，可种植在室内，如爬山虎、三角梅、虎尾兰、龟背竹、彩叶草等。这些观叶植物形态、特征各不相同，生长习性也千差万别。

爬山虎

分类 鼠李目－葡萄科－地锦属

别名 爬墙虎、飞天蜈蚣、假葡萄藤

原产地 亚洲东部等

爬山虎是一种常见的垂直绿化植物，只要在墙角栽上一株，就能爬满整面墙，仿佛给墙壁穿上了一件外衣。如果在野外，爬山虎则常攀缘在岩石上。

植物趣闻

爬山虎如何爬上一面光滑又竖直的墙呢？这全归功于它们的攀缘茎了，这种茎上长了许多卷须，短短的，还有很多分枝，顶端和尖端则发育成一个个带有黏性的吸盘。攀缘茎不断地生长，卷须不断生出，吸盘也不停长出，吸盘可以牢牢吸附在各种物体表面，如墙壁、石头、木头等——这样，爬山虎的茎叶就可以不断向上长了。

爬山虎枝繁叶茂，为宅院墙壁、公园山石装点上浓重的秋意，十分美丽。

三角梅

分类 中央种子目－紫茉莉科－叶子花属

别名 九重葛、贺春红、叶子花等

原产地 南美洲

三角梅，一种常绿木质藤本或灌木观赏植物，茎上有弯刺，成片栽种枝繁叶茂，令人赏心悦目。世界各地均有栽培。

植物趣闻

三角梅是一种易开花的植物，而且花期很长，在热带地区甚至能够整年开花。但人们真正观赏的不是它的花朵，因为它的花朵很小，三朵聚生在三片苞片之中，不仔细看往往不会注意到这些花朵。人们关注的往往是包裹着花朵的苞片，这些苞片大而美丽，且颜色丰富，有紫色、白色、红色、橙黄色等，常被误认为是“花”。由于苞片形如叶片，因此三角梅也被称为“叶子花”。

三角梅深受南方
许多城市居民的喜
爱，厦门以它为市花。

一品红

分类 大戟目－大戟科－大戟属

别名 象牙红、老来娇、圣诞花等

原产地 中美洲

一品红，一种常见于热带和亚热带地区的灌木，因植株顶部有数片鲜红的大苞片而得名。如果不进行人工干预，这些苞叶通常会在圣诞节前后变红，并被人们当作圣诞礼物送给亲友，所以也称一品红为“圣诞花”。

植物趣闻

一品红是大戟属科大戟属植物。大戟属的植物许多都具有毒性，所以很多人认为一品红也有毒，不适合栽培观赏。真的是这样吗？事实上，有科学研究表明：若只观赏，一品红是无害的，只有少部分人会对它的白色汁液有过敏反应，接触或食用会出现不适症状，但较轻微。

如果想在夏季也欣赏到一品红鲜红的苞片，只需要对它进行适当的光处理，使其花、芽分化，并长出苞叶来。

红掌

分类 天南星目－天南星科－花烛属

别名 花烛、红鹅掌、火鹤花、安祖花

原产地 非洲南部和美洲热带地区

红掌，是一种多年生常绿草本植物。其茎节很短，叶片几乎是从植株基部长出的，叶柄细长，叶片革质，呈心形，极具观赏性。

植物趣闻

红掌常年开花，但它那肉穗花序并不是最吸引人的，最吸引人目光的是包裹在花序外的佛焰状苞片。这种苞片状若红色的鹅掌，所以人们赠它“红掌”之名。

红掌大多附生在树上或岩石上，也有直接长在地上的，它们喜欢温暖、潮湿的环境，不喜阳光直射。

红掌的花和叶都很漂亮，花期长，常被人们用来制作花艺造型。

海芋

分类 天南星目－天南星科－海芋属

别名 滴水观音、佛手莲等

原产地 中国、东南亚

海芋是一种大型观叶植物，喜欢温暖、潮湿和半阴环境，在中国很常见。如果环境适宜，海芋能繁殖得很快，叶片大而繁茂，极为壮观。

植物趣闻

海芋的叶片宽大，如果生长环境湿度过大，会有水滴从叶片上往下滴。尤其是在清晨，在朝阳的照耀下，带着水珠的叶片显得特别灵动。海芋开花时，静静望去，恬静动人，十分美丽。

海芋有一定的
毒性，误食其块茎
会引起中毒，人的
皮肤接触其汁液会
引起瘙痒、麻木等。

龟背竹

分类 天南星目－天南星科－龟背竹属

别名 蓬莱蕉、铁丝兰、龟背蕉等

原产地 墨西哥

龟背竹是一种常绿藤本植物，茎和叶柄都呈绿色，叶柄长度可达1米，叶片大，边缘有不规则的羽状深裂，十分奇特。由于龟背竹的叶片极具观赏性，植株又十分耐阴，所以常被人们视为最佳大型盆栽观叶植物。

植物趣闻

龟背竹虽为藤本植物，但是却不具备缠绕生长能力和攀缘性，大型植株需要借助支架支撑或绳子牵引才能往上生长。同时，这种植物茎干粗壮，在植株较小的时候可以直立生长。

龟背竹忌强光直射，若在阳光暴晒下会出现叶片枯焦的情况，失去观赏价值。

龟背竹晚间能吸收二氧化碳，有改善室内环境和提高室内含氧量的作用。

虎尾兰

分类 百合目 – 百合科 – 虎尾兰属

别名 虎皮兰、锦兰、黄尾兰等

原产地 非洲西部

虎尾兰是一种多年生草本观叶植物，叶片挺直、肥厚，上面还布满了横带状斑纹，状若虎尾，所以被人称为“虎尾兰”。虎尾兰品种繁多，也容易成活，所以深受人们喜欢。

植物趣闻

虎尾兰是一种适应性非常强的植物。其喜欢温暖、湿润、光照充足的环境，在热带和亚热带地区的生长速度很快。同时，虎尾兰耐阴、耐旱还耐贫瘠。

虎尾兰不仅极具观赏价值，还能吸收空气中的三氯乙烯、苯等。

将虎尾兰的叶片切成长约10厘米的小段，待切口干燥后插入沙土中，一个月后就能长出根来，繁殖成株了。

朱蕉

分类 百合目 - 百合科 - 朱蕉属

别名 红铁树、朱竹

原产地 尚不明确

朱蕉，一种直立灌木植物，株高可达3米。朱蕉茎粗1～3厘米，通常不分枝或稍分枝，叶片聚生在茎的上端，通常为绿色或紫红色，是一种很受欢迎的观叶植物。

植物趣闻

朱蕉喜欢温暖湿润的气候，在我国南方地区多有栽培，但是不耐晒，也不能完全处于荫蔽环境，在通风并有散射光照射的环境中才能生长良好，光照太强或不见光，均会影响其观赏价值。

朱蕉的品种很多，常见的有三色朱蕉、亮叶朱蕉、锦朱蕉、彩叶朱蕉等。

王莲

分类 毛茛目－睡莲科－王莲属

别名 大王莲

原产地 南美洲

王莲，一种多年生或一年生大型浮叶草本植物。虽然也开花，但其最吸引人的却是巨大无比的叶片。

植物趣闻

王莲叶子的直径为1～3米，可以承受六七十千克的物体而不下沉，非常神奇。这是由于其宽大的叶片背面有许多纵横交错的网状叶脉，这些叶脉不仅可以让叶片保持展开状态，还极大增强了叶片的承重力和排水力。

王莲需要在高温、高湿、光照充足的环境下才能生长发育，若温度低于20°C就会停止生长。

薄荷

分类 管状花目 – 唇形科 – 薄荷属

别名 香薷草、水薄荷、夜息香

原产地 中国

薄荷是一种多年生草本植物，株高可达1米，地下部分长有匍匐根状茎，沿水平方向延展，地上茎直立。其全株散发清香，人们常饮用薄荷水，或用其烹饪菜肴。

植物趣闻

薄荷在北半球的温带地区很常见，我国从公元3世纪开始就已经有薄荷入药的记录了，明代医学家李时珍更是对薄荷的特征、栽培、产地、用途等都进行了详细的描述。

薄荷的清香气味来自其含有的薄荷油。薄荷性喜阳光，若给予其充足的光照，将有利于薄荷油的产生。

薄荷适应能力很强，能耐-15℃的低温。

彩叶草

分类 管状花目－唇形科－鞘蕊花属

别名 洋紫苏、锦紫、五色草

原产地 印度尼西亚

彩叶草是一种多年生草本植物，茎直立，株高 40 ~ 90 厘米。叶片对生，边缘呈锯齿状，有彩色，有绿色、紫色、暗红色、淡黄色、橙色等，具有极高的观赏价值。

植物趣闻

彩叶草喜温暖、湿润、光照良好的环境，充足的光照能让叶片色彩更加鲜艳。在烈日炎炎的夏季要适当为其遮阴，否则叶片会变得粗糙无光泽。此外，彩叶草适应性强，生长温度不低于 10℃便能安然过冬，较容易成活。

作为一种株型美观、色彩多样的观赏植物，彩叶草常被用于各种城市或园林造景项目中。

在彩叶草幼苗期对其
进行多次摘心，可以促进
侧枝生长，让株形更饱满。

彩叶凤梨

分类 凤梨目 - 凤梨科 - 凤梨属

别名 红星凤梨

原产地 巴西

彩叶凤梨，多年生常绿草本，株高 25 ~ 30 厘米，株型独特，叶形优美，是一种很受欢迎的观赏植物。彩叶凤梨喜温暖、湿润、明亮的环境，世界各地均有栽培。

植物趣闻

彩叶凤梨的种类很多，叶片形状与花纹千姿百态，花朵也各有风姿。叶片基生，呈莲座式排列，基部丛生成筒状，能贮水。花朵顶生，开花时内轮叶的下半部或全叶片变成鲜红色，从而吸引虫、鸟、蝙蝠等前来采蜜并帮助其传播花粉。

彩叶凤梨的花期很长，而且养护方法不太复杂，所以常被用作室内观赏植物。

中国从 20 世纪 80 年代才开始引种栽培彩叶凤梨。

紫鸭跖草

分类 鸭跖草目－鸭跖草科－鸭跖草科

别名 碧竹子、翠蝴蝶、淡竹叶等

原产地 墨西哥

紫鸭跖草，一种多年生草本植物，茎多分枝，下部匍匐状，上部近似直立，株高 20 ～ 50 厘米。全株深紫色，花小，以观叶为主，具有较高的观赏价值。

植物趣闻

紫鸭跖草喜温暖湿润的气候，但同时又较耐干旱。紫鸭跖草在光照充足的环境中的生长状况良好，叶片颜色鲜亮，如果长时间处于荫蔽环境中，叶片颜色会变淡，而且烈日暴晒也会导致植株发育不良。

其实，紫鸭跖草是一种很容易成活的植物，但不耐寒，越冬温度需要高于 10℃，当环境温度接近 0℃时会因冻伤而死亡。

紫鸭跖草
可以用来提取
天然色素。

奇妙的草

除观花、观叶植物外，世界上还有其他各种奇特的植物（比如草），它们对人类的吸引力不在于长得是否漂亮，是否具有观赏价值，而在于本身十分特别。

你见过会动的植物吗？你见过会吃虫子的植物吗？你见过贮水量能达一吨的植物吗？一起去看看吧。

蒲公英

分类 桔梗目 – 菊科 – 蒲公英属

别名 华花郎、尿床草、婆婆丁

原产地 欧亚大陆

蒲公英，多年生草本植物，在热带和亚热带地区多有分布，在我国南方和北方也都有生长。很多人都喜欢蒲公英，觉得它很可爱。

植物趣闻

蒲公英春末夏初时节开花，花序为头状，单株开花数量可达20朵以上，开花后经13～15天种子成熟。种子上有白色长冠毛，使每粒种子看起来就好像是一把小白伞，清风一吹，便随风流浪。蒲公英种子离开植株之前，会和其他“伙伴”组成一个个白色的小绒球，很多人常误把这些小绒球当成蒲公英的花，其实它的花是黄色的。

蒲公英是一种靠风力传播种子并繁殖的植物，大多数靠风力传播的种子都会长出羽毛状和翼状的附属物，如蒲公英种子上的冠毛。

含羞草

 蔷薇目－豆科－含羞草属

别名 感应草、怕丑草、怕羞草等

原产地 巴西

含羞草，一种多年生草本植物，叶片为羽毛状，复叶互生，对光、热等可产生反应，被触碰时叶片会立即闭合起来，连同整个叶柄都耷拉着，好像害羞了一样，故名“含羞草”。

植物趣闻

含羞草的叶片为什么会“害羞”呢？这跟它的生理结构有关系，含羞草的小叶基部和叶柄基部都有一个膨大的部分，膨大处的组织细胞里充满了碱性液体。当叶片受到刺激时，这些碱性液体就会迅速转移到其他地方，液体消失后，膨大的位置也迅速瘪下去——含羞草的小叶就会成对地从刺激点开始逐一闭合，叶柄下垂。刺激消失后约十几分钟，含羞草就能恢复原样。

含羞草不仅受到刺激时会收缩叶片，而且在夜间也会收缩叶片。

落地生根

分类 蔷薇目－景天科－落地生根属

别名 不死鸟、叶生、天灯笼、大还魂等

原产地 非洲

落地生根，一种多年生草本植物，其中某些品种株高可达1.5米。这是一种非常容易成活的植物，适应性非常强，就像它的名字一样，沾土就能活。如果光照充足，生长环境温暖湿润，落地生根生长得将会非常快。

植物趣闻

落地生根的叶片肥厚，边缘呈锯齿状，每个锯齿都能萌发出两枚对生的小叶，在潮湿的空气中，小叶下方能长出气生根。这些小叶和气生根就像给叶片镶上了一层花边，特别可爱。每个锯齿上的小叶其实就是一个幼芽，一触即落，可以重新长出新的植株。

落地生根在中国栽培范围较广，并被当作一种中药使用。

猪笼草

分类 瓶子草目－猪笼草科－猪笼草属

别名 猪仔笼、猴水瓶、雷公壶

原产地 亚洲的热带地区

猪笼草是猪笼草料猪笼草属植物的总称。每种猪笼草都有一个独特的捕捉和消化虫子的器官——捕虫笼。捕虫笼呈圆筒状，形如古代人们用的猪笼。“猪笼草”之名便由此而来。

植物趣闻

猪笼草的捕虫笼不是特异器官，而是它的叶子，人们习惯称之为“变态叶”。变态叶结构复杂，分为叶柄、叶身和卷须，卷须尾部扩大并反卷形成猪笼状。捕虫笼由笼蔓、笼身、笼盖等几个重要部分组成，笼盖下的蜜腺负责分泌蜜汁引诱昆虫，内部充满腊质的笼身则作为陷阱来困住昆虫，然后合上笼盖，猪笼草便可以开始享受美食了。

猪笼草的捕虫笼内一般蓄有消化液，用来消化昆虫并将其转化为其可以吸收的物质。

捕蝇草

分类 瓶子草目－茅膏菜科－捕蝇草属

别名 捕虫草、草立珠、苍蝇草

原产地 美国

捕蝇草是一种多年生草本植物，而且长相十分有趣，茎极短，原生种的叶柄扁平如叶片，而真正的叶片则变态为酷似贝壳的捕虫器官。

植物趣闻

捕蝇草用于捕虫的变态叶，就是它的捕虫器。每个捕虫器都由两瓣形如贝壳的叶片组成，叶片边缘有蜜腺，蜜腺分泌蜜汁诱惑昆虫靠近。捕虫器内部有三对针状的感觉毛，当昆虫钻入捕虫器并触碰到感觉毛时，感觉毛就会判断是否可以捕猎，最终下达关闭捕虫器的命令。两个叶片周围长有一圈刺状的毛，捕虫器闭合后，这些刺状的毛会紧紧相扣，以此来防止昆虫逃脱。

捕蝇草的每对捕虫器都是单独工作的，一般每对捕虫器只能捕猎三四次，随即就会枯萎。

生石花

分类 中央种子目－番杏科－生石花属

别名 石头玉、象蹄、屁股花

原产地 非洲南部

生石花是番杏科生石花属全属植物的总称，几乎无茎，叶片呈球状，小巧可爱。其叶片表皮较硬，色彩多变，顶部有树枝状纹路或花纹斑点，与地面的石砾十分相似，所以被人们称为“有生命的石头”。

植物趣闻

由于原产地光照充足，气候炎热干燥，为了适应这种环境，很多植物都会尽量降低对水分的需求，生石花也是如此。生石花几乎无茎，茎上只有两片肥厚的肉质叶片，而且表皮很厚。这种生理结构，一方面可以方便叶片储水；另一方面可以降低叶片的蒸腾作用。新叶片从老叶中间的裂缝中长出，而老叶片则逐渐衰败直至死亡，十分奇特。

生石花到了夏
天就会进入休眠期，
只有 这样才可以平
安度过炎炎夏日。

巨柱仙人掌

分类 仙人掌目－仙人掌科－巨人柱属

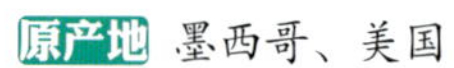

原产地 墨西哥、美国

在墨西哥索诺拉沙漠边缘及美国加利福尼亚州和亚利桑那州内，一株株高大的仙人掌矗立着，这些便是巨柱仙人掌。巨柱仙人掌是世界上最高的仙人掌，同时具备惊人的耐旱力，被誉为“沙漠英雄花”。

植物趣闻

巨柱仙人掌高大且呈柱状，柱身高可达十几米，粗壮到一个人都无法环抱，柱身有分枝并呈烛台状，每棵植株重量能达到6吨。这么庞大的身躯，其储水能力自然也十分惊人，多的能储水1吨。这么多水是如何储藏下来的呢？原来，它们的根系十分发达，不断向外辐射生长，周围的水分都能被吸收至体内。

仙人掌类植物一般都有储水功能，同时叶片退化成针刺状，阻止水分蒸发到空气中。

马兜铃

分类 马兜铃目－马兜铃科－马兜铃属

别名 水马香果、蛇参果、秋木香罐等

原产地 中国

马兜铃，一种多年生草本植物，藤状茎，缠绕生长。马兜铃的果实成熟后，就像是挂在马颈上的响铃，其中文名就是这么来的。

植物趣闻

马兜铃是异花传粉植物，其花呈漏斗形，大大的漏斗口通过一个细管与漏斗底部的大空腔相连，细管中长满了向内的硬毛，雄蕊和雌蕊则长在空腔内。马兜铃开花时会发出腐臭气味，吸引潜叶蝇等食腐蝇类前来捕食。猎物进入空腔以后，就会被硬毛困住，直到硬毛软化才被放出来。此时，猎物在花内挣扎了很久，沾了很多花粉，不久又钻进另一朵花里，这样就完成了传粉任务。

马兜铃之所以需要异花授粉，是因为其同一朵花内的雌蕊和雄蕊不是同时成熟的，雌蕊先于雄蕊成熟，等到雄蕊成熟时，雌蕊已不具备活性了。

毒芹

分类 伞形目 - 伞形科 - 毒芹属

别名 野芹菜、毒人参、芹叶钩吻等

原产地 东亚及俄罗斯

毒芹，一种多年生草本植物，而且具有毒性。其实，毒芹长得跟人们吃的水芹很相似，只是更加粗壮，它们多生活在水充足的环境中，如杂木林中、湿地里或水沟边。

植物趣闻

毒芹全株均有毒，其中又以花的毒性最强，主要毒性成分为毒芹素、毒芹碱等，人若误食会导致中毒。中毒后，轻则有头晕、呕吐、痉挛、面色发青等症状，重则死亡。

不要随便采摘并食用各种野生植物，人们误食野菜而导致中毒的事件时有发生。

臭菘

分类 天南星目－天南星科－臭菘属

别名 黑瞎子白菜

原产地 东北亚、北美洲

臭菘是一种多年生草本植物，有难闻的气味，块根较粗，叶片大而且有些像卷心菜。臭菘不畏寒，中国东北地区现在也有分布，当地人称其为“黑瞎子白菜”。

植物趣闻

臭菘的花期在寒冬，一朵花能开14天，当周围的环境温度降至0℃，它却开始热情绽放。更加奇特的是，臭菘花中有许多产热细胞，能让花苞内的温度始终保持在约22℃，好像一个小暖房。与此同时，这个小暖房还不断散发出臭味，吸引一些食腐昆虫前来为它传粉。

臭菘全身有毒，误食会使人中毒，若皮肤接触其新鲜根茎，可能会起水疱。

泰坦魔芋

分类 天南星目－天南星科－魔芋属

别名 巨花魔芋、尸花

原产地 印尼的苏门答腊热带雨林

泰坦魔芋，一种多年生的草本植物，以花朵巨大且奇臭无比而闻名。球茎长于地下，每年长叶一次，一次只长一片叶，叶柄粗壮并最高可以长到4米，顶端分叉长出许多小叶片，好像一棵小树。

植物趣闻

泰坦魔芋难得开一次花，花序很大，外面包裹着一片佛焰苞片。泰坦魔芋开花的时候会散发出臭不可闻的腐肉味，让人不敢靠近。原来，这是因为它的雌花和雄花不会同时成熟，需要用腐肉的味道吸引食腐蝇类和甲虫前来“觅食”，为它们传播花粉。

新华美誉

童眼看世界
TONGYAN KAN SHIJIE

认树木

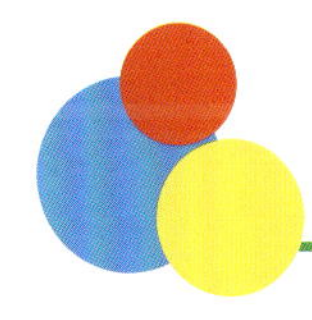

北京理工大学出版社
BEIJING INSTITUTE OF TECHNOLOGY PRESS

一般来说，可被称为“树木”的都是乔木。乔木具有木质树干及树枝，主干笔直向上，分枝距离地面较高，能形成树冠，可存活多年甚至几十年上百年，但有时候，人们也将比较大的灌木称为“树木”，比如石榴树、茶树等。

然而，不管是乔木还是灌木，对人类都极有贡献。从生物繁衍的角度来说，很多树木为动物提供了食物，比如很多果树可为人类提供果实来果腹；从生态角度来说，树木具有净化空气的作用，对巩固土壤也有积极作用；从能源角度来说，古老的树木埋在地下后，才能形成现在人们使用的煤……

目录

认识树木

果树

观赏树木

其他树木

认识树木

和大部分植物一样，完整的树木应该包括根、茎、叶、花、果实、种子等几个部分，几乎没有例外，但是，由于成长环境的不同，各种树木的器官也会带上各自种类的特点，而这些特点也决定了它们的分布和作用。

树根

树根是树木的营养器官，人们常说“没有无根之木”，意思就是说所有的树木都是有树根的。根通常位于地表之下，一来用于固定和支撑树身，二来负责从土壤中吸收营养和水分，以供树木生长。

树之趣闻

树根可分为主根和侧根。主根一直竖直向下生长，侧根则是主根长到一定程度后从主根上长出来的根。主根对侧根的生长有一定的抑制作用，如果将主根的根端切除，侧根就会迅速长出。人工栽培树木时，通常会将幼苗移栽，这是为了方便侧根大量长出，从而能更好地吸收水分和营养，让树苗快速长大。

树根会受到地球引力的作用并按照引力的方向生长，具体表现就是：不管怎么栽培，树根始终要往地下钻。

树干

树干就是树的“茎”，它是大部分植物的主干，下与根相连，上着生叶子、花朵和果实。树干是植物的营养器官之一，水分和营养物质通过树干运送到树木的各部分。

对于乔木来说，树干一般不直接着生叶子，而是分出很多枝丫，枝上生叶。

树干除了有支撑植株的作用外，还是重要的运输通道。树根从土壤中吸收水分和矿物质，然后通过树干中的木质部从下往上运输到树木的各个器官；叶片进行光合作用产出的营养物质则是通过树干上的韧皮部从上往下运输的。这样一上一下，就完成了树木生长所需营养物质的运输。

树木在雨水充足、日照强的季节生长快，但木材颜色较浅、木质疏松；在干旱、光照少的季节生长慢，此时木材颜色较深、木质紧密。这样的周期不断出现，树干上就出现了一个个年轮。

树叶

树叶是树木的重要器官之一，从外观上看，树叶主要包括三部分：叶片、叶柄和托叶。只有同时拥有叶片、叶柄和托叶，才算得上是完全叶，否则就是不完全叶。树叶大部分是绿色的，但也有其他颜色的。

树之趣闻

树叶是树木获得营养物质的重要器官。树叶可以进行光合作用，把二氧化碳和水合成有机物及氧气，有机物可以用于树木自身的生长，而氧气则是动物所需。另外，树叶是树木进行蒸腾作用的重要场所，随着水分的不断蒸腾，树干内形成一股拉力，这股拉力将地下的水源源不断地往上运输，让整棵树都能获得水分，而矿物质也随之被输送到树木的各部分。

树叶为什么会有各种各样的颜色呢？这跟叶片内所含色素多少有关。叶片会随季节变色，也是因为其中所含色素发生了变化。

花朵

花朵是开花植物的重要器官，一朵完整的花朵包含花梗、花托、花萼、花冠、雌蕊、雄蕊等。多数花朵同时具备雌蕊和雄蕊，因此被称为“两性花”，但有些花朵却是二缺一的“单性花”，要么是雌花，要么是雄花。

对于能开花的树木来说，花就是它们重要的繁殖器官，雌雄配子（性细胞）在这里产生并结合，最后形成种子。对于高等植物来说，种子繁殖是其重要的繁殖方式。

花朵需要经过传粉、受精才能结出种子。许多花朵需要借助外力才能完成传粉、受精，常见的助力有风、水、昆虫、鸟类、哺乳动物等，只有通过这些自然力或动物的行为，将花粉传播到雌蕊柱头上，花朵才能完成授粉工作。

如果单性花的雌花和雄花出现在同一植株上，称为“雌雄同株”；如果一棵树上只出现一种花，则称为“雌雄异株”。

果实

果实也是植物的器官，它是雌蕊经过传粉受精后，由子房或花的其他部分（如花托、萼片等）参与发育而成的。只要是开花的树木，都有果实。果实跟人们所吃的水果并不是一个概念，而且有时候往往有很大的区别。

树之趣闻

严格来说，果实包含果皮和种子两部分，而许多水果的可食用部分其实只是果皮，不算真正意义上的果实。

按发育起源来分，果实有真果和假果两种。真果，即单纯由子房发育而来的果实，如柿、桃等。假果，由子房和花的其他部分（如花托、花被甚至整个花序）共同发育而成，例如苹果和梨，它们的果实是由子房、花托和花被共同发育而成的。

多数果实在没有成熟的时候，
单宁含量高，所以口感比较涩。

种子

种子是植物有性繁殖的基础和最终产物，其含有大量的营养物质并具备发育成新植株的功用。种子成熟以后，在一定条件下就会萌芽、生长并发育成植株。自然界中草木丛生，很大程度上跟种子的传播有关。

树之趣闻

不同的种子有不同的传播方式，常见的有以下几种：自体传播，如豆类、喷瓜等，果皮成熟后爆裂，种子随之弹出并滚到地面上；风力传播，如蒲公英等，种子小而轻，并常带有毛或翅等附属物；水力传播，如椰子等，种子可以随水漂流到远方；动物的活动传播，如苍耳等，果实带钩，可以黏附在动物身上被带往各处。

种子的萌发需要几个条件：水分、氧气、温度、光照（见光或避光）。

森林

森林是以木本植物为主体的，由许多生物组成的生物群落，其中包含树木、其他植物、动物、微生物以及土壤，它们相互依存又相互制约。森林被誉为地球之肺，对自然生态有重要作用。

森林通过绿色植物的光合作用，将太阳能转化为各种各样的有机物。数据显示，森林每年能生产28.3亿吨有机物，而陆地植物生产的有机物总产量也只有53亿吨而已。而且，森林中的绿色植物进行光合作用的时候，需要吸收大量二氧化碳，然后释放出氧气；而动物活动则需要吸收氧气，释放出二氧化碳——所以森林对维系大气中二氧化碳和氧气的平衡以及净化环境起到非常重要的作用。

森林是地球之肺，只可惜大量林木被砍伐，所以我们需要保护森林，多多种树。

果树

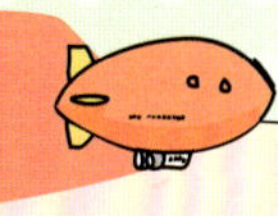

果树是指那些果实、种子可以食用的树木。果品营养丰富，同时又能给人以味觉享受。

而说到果树，不同的果树分布在不同地区，有不同的生活习性——只有在最合适的土壤里，它们才能茁壮成长。了解果树的习性和特征，将有助于我们认识果树。

苹果树

分类 蔷薇目－蔷薇科－苹果属

原产地 欧洲、中亚和西亚、北美洲、中国新疆地区

苹果树是重要的落叶果树，其果实富含维生素和各种矿物质，营养价值很高，而热量却很低，是一种很受欢迎的果树。栽培的苹果树一般树高 3 ～ 5 米，但自然生长的情况下树高可达 15 米，喜微酸性到中性土壤，喜光。

树之趣闻

苹果树在中国已经有 2 000 多年的栽培历史了，其原始野生种被称为“柰”，就生长在新疆地区。很多历史书籍中也都记载了“柰”这种果实。

然而，由于“柰”的品质差，至今已不再种植。现在，国内栽培的苹果树都是从国外引进的，自 1871 年山东烟台引进苹果树取得成功后，逐渐推广到全国各地。

苹果树栽培两三年后开始结果，一般寿命可达50年。

梨树

分类 蔷薇目－蔷薇科－梨属

原产地 中国、欧洲等

梨树是一种多年生落叶果树，果实可食用，具有很高的营养价值和药用价值。梨树在全球都有种植，喜温暖、光照强的环境，一般在土层深厚、土质疏松、透水和保水性好的土壤中生长良好。

树之趣闻

从起源看，梨树可以分东方梨和西洋梨两大类。其中，东方梨大多原产于中国，栽培历史约3 000年，19世纪以后被引入欧美、东亚等其他地区栽种。而西洋梨大多原产欧洲，栽培历史至少有2 000年，现在中国也有引入。

梨树种类多，适应性也强，在中国各地都有栽培，分布范围很广，由于各地气候差异比较大，所以各地梨树花期差别也非常大，从2月开花到5月开花的都有。

安徽省与河北省是我国梨产量最高的地区，其中安徽砀山素有“世界梨都”的美誉。

桃树

分类 蔷薇目－蔷薇科－桃属

原产地 中国

桃树是一种落叶小乔木，花可以观赏，果实多汁可食，种子也可以食用。桃树的品种有很多，常见的有果实硕大、略呈球形的“水蜜桃”，果皮光滑的“油桃”，果实呈扁盘状的“蟠桃”，以及观花用的“碧桃”等。

桃树原产中国。中国最早的诗歌总集《诗经》中就提到过桃树，此时，百姓已经开始种植这种果树了。不少考古学家也发现，早在几千年前，中国就已经出现桃树了。

到了约公元前200年，由于“丝绸之路”的出现，中国的桃树被引种到波斯，再从那里传播到欧洲的其他国家。后来，桃树从欧洲传入美洲。印度、日本等国的桃树最初也都是从中国引入的。

在中国的传统文化中，桃树是吉祥的象征。桃花象征着春天、爱情，桃子则寓意长寿、健康、生育。

李树

分类 蔷薇目－蔷薇科－李属

原产地 中国、欧洲等

李树是我国栽培历史最为悠久的果树之一，《诗经》《管子》《齐名要术》《本草纲目》等古籍中均有关于李树的记载。李树的果实称为“李子”，李子肉质细腻、多汁，口味甘甜，是人们非常喜欢的水果之一。

李树的适应性很强，在中国分布很广，从南到北均有种植。这种果树对土质的要求不高，只要土层较深，有一定的肥力，便可栽种，但不耐积水，要求果园排水良好。

李子能够促进胃酸和胃消化酶的分泌，增加人们的食欲。可即使如此，也不能多吃，因为过犹不及，尤其是对于体质虚弱者来说，更是少吃为妙。

在欧美等地，有一种叫“日本李”的李子，其实这种李就是传统的“中国李”。日本栽培的李是中国古代时候传过去的，后来又从日本传到了欧美等地。

枇杷树

分类 蔷薇目 – 蔷薇科 – 枇杷属

原产地 中国、日本

枇杷树是一种常绿小乔木，树高 3 ~ 5 米，亦有长到 10 米高的大树。枇杷树的树叶呈长椭圆形，大而长，叶厚而背有茸毛；果实味道鲜美，是一种很受欢迎的水果。枇杷的花、叶、果都可以入药，具有极高的药用价值。

树之趣闻

枇杷树一般生长于亚热带地区，喜欢温暖湿润气候，喜光照，稍耐阴，不耐严寒。我国福建、四川、浙江、江苏等地广有栽种。中国之外，日本、印度、美国(夏威夷及加利福尼亚)、巴西、以色列、土耳其、西班牙等也有栽培。

和其他大部分果树不同，枇杷树在秋季或初冬开花，果实在初夏之前均已成熟，被誉为“果木中独备四时之气者”。枇杷树的果实成熟时，成束挂在树上，十分讨人喜欢。

枇杷叶晒干后可入药，并与其他药材一起用来制作“川贝枇杷膏”。而新鲜的叶片则略带毒性，不宜多食。

山楂树

分类 蔷薇目－蔷薇科－山楂属

原产地 中国

山楂树是一种落叶乔木，树高可达6米，是中国北方常见的一种果树。其树冠整齐，春天嫩叶碧绿，夏季白花簇簇，秋天硕果累累。山楂树的果实名为山楂，属核果，果肉薄，味微酸涩，有开胃健脾的功效，可以生吃或制成果脯食用。

山楂树喜凉爽、湿润环境，耐寒亦耐高温，耐旱，适应性强。除了能产果实外，山楂树还能吸收空气和土壤中的铝氧化物、汽油燃烧形成的一些废物等，所以又常被种植在工矿区或是城市里的角落。山楂树的树皮和树根可以用作工业染料。山楂树的果实具有重要的药用价值，可以降血脂、降血压、健脾开胃、活血化瘀。

山楂树浑身是宝，具有极高的价值。

每到冬日，满大街都
是卖冰糖葫芦的，而冰糖
葫芦就是由山楂制成的。

莲雾

分类 桃金娘目－桃金娘科－蒲桃属

原产地 马来西亚、印度

莲雾是一种生活在热带地区的乔木，果实梨形或圆锥形，顶部凹陷，多汁味美，又有清热之功效。除了果实可食外，由于树形优美、枝叶繁茂、果实外观可爱，莲雾还常被用于园林绿化。

树之趣闻

莲雾在原产地栽培历史较为悠久，17世纪由荷兰人从爪哇国带入我国台湾地区，到20世纪30年代后，我国的海南、广东、福建及云南等省陆续开始种植。

从栽培历史和栽培地可以看出，莲雾是一种喜温怕寒的果树，其最适生长温度为25～30℃；对水分要求较高，喜湿润又排水良好的土壤。

莲雾的果实一般不能长久储
存，采摘后在室温下只能储存一周。

石榴树

分类 桃金娘目－石榴科－石榴属

原产地 巴尔干半岛至伊朗及其邻近地区

石榴树是一种落叶乔木或灌木，树冠内多分枝，小枝交错对生，树姿优美，枝叶秀丽，花朵艳丽无双，具有极高的观赏价值。石榴的果实味美多汁，富含维生素C，营养价值很高，是一种老少咸宜的水果。

树之趣闻

石榴树不是中国本土树种，而是西汉时期张骞出使西域后引入的。石榴树喜温暖向阳的环境，耐寒、耐旱、耐瘠薄，不耐涝，对土壤的要求不高，在中国栽培时适应性良好，南北方都有栽培，其中以安徽、江苏、河南等省种植面积较大，果实品质也高。

石榴树每年开3次花，所以能结3次果。

石榴的果实多籽，古人称其“千房同膜，千子如一”，人们视其为吉祥之果，寓意“多子多福”。

橘树

分类 芸香目 - 芸香科 - 柑橘属

原产地 中国

橘树是一种小乔木，更是一种常见的果树。橘树喜温暖湿润气候，在中国分布于北纬16°～37°，再往北就无法结出甜甜的果实了，所以古代有“橘生淮南则为橘，生于淮北则为枳”的说法。

橘树至今已有4 000多年的栽培历史了。最初，它通过阿拉伯人传播到欧亚各国，荷兰与德国等一度称橘子为“中国苹果”，约1665年才传入美国。

橘树的生长发育、开花结果等与温度、日照、水分、土壤等均有关系，其中又以温度的影响最大，哪怕只有0.5℃的差距，果实品质的差距也会极大。在一定范围内，温度越高，果实越甜，口感越好。

橘与柑、橙、金柑、柚、枳等，合称为“柑橘”，所以柑橘是一类植物的总称。

荔枝树

分类 无患子目 - 无患子科 - 荔枝属

原产地 中国

荔枝树属常绿乔木，树高通常约 10 米，但有时可达 15 米或更高。荔枝树春季开花，夏季结果，果实可食，果肉呈半透明凝脂状，果香味美，但极不易储藏。

荔枝树在中国南方地区栽培历史悠久，人们已经在海南和云南等地发现了野生荔枝。我国大约在秦汉时期就已经开始栽培荔枝树了，西汉辞赋家司马相如的《上林赋》就提到过荔枝。到了唐宋时期，荔枝已经是一种家喻户晓的水果了。如杜牧曾有诗云“一骑红尘妃子笑，无人知是荔枝来”，又有苏轼赋诗“日啖荔枝三百颗，不辞长作岭南人”。

相传，杨贵妃十分喜欢吃荔枝，每到荔枝成熟的季节，唐玄宗便命人从岭南地区快马将其运送过来。虽然路途遥远，但荔枝运到宫中时仍十分新鲜。

龙眼树

分类 无患子目 – 无患子科 – 龙眼属

原产地 中国

龙眼树是一种常绿乔木，通常高 10 余米，也有长到 40 米高的。龙眼树春夏间开花，夏季结果，果近球形，名为龙眼，果肉味美多汁，富含维生素和磷，益脾、健脑，干果可入药。其木材坚实，可用来造船、家具等。

树之趣闻

龙眼树多产于两广地区，喜温暖湿润的气候，要求环境光照充足，并能忍受短期霜冻。关于龙眼树的栽培历史，可以追溯到汉代，《后汉书》中就有明确的记载。大约到了 18 世纪，龙眼才由中国传到了印度和东南亚一带。

龙眼美味而有益健康，在古代被列入果中珍品，常被纳入贡品范畴。

龙眼农历八月成熟，古时称八月为“桂月”，而龙眼果实呈圆形，所以又被称为“桂圆”。

芒果树

分类 无患子目－漆树科－芒果属

原产地 印度、马来西亚、缅甸等

芒果树是一种常绿乔木，也是世界主要果树之一，其果肉细腻、味道鲜美，富含多种维生素及矿物质，所以被誉为“热带果王”。

树之趣闻

芒果树原产印度、马来西亚、缅甸等热带地区，所以喜欢高温环境而不耐寒，生长的最适温度是24～27℃。在气温20℃以上开的花，才能正常授粉受精，低于这个温度，当年的结果就非常不理想了。气温一旦低于零下3℃，低龄的芒果树就很可能会冻死，成年的芒果树则容易被冻伤。

中国大概从唐朝时候开始栽种芒果树，云南、广西、海南等地均有栽种。

漆树科植物多含有一些容易致人过敏的酚类物质，所以有些人吃芒果会过敏。

杨梅树

分类 杨梅目 – 杨梅科 – 杨梅属

中国

杨梅树属小乔木或灌木植物，高可达15米，其果实名为杨梅，是一种常见的时令水果，酸甜、多汁，具有很高的药用和食用价值，颇受人们喜欢。

树之趣闻

1973年，中国余姚发掘出新石器时代的河姆渡遗址，其中就发现了杨梅属植物的花粉。这说明，早在7 000多年前，该地区就已经有杨梅了。事实上，杨梅树喜温暖湿润气候，较耐寒，喜欢酸性土壤。我国杨梅的主产地是长江流域以南、海南岛以北地区，如浙江、江苏、福建、云南、贵州等省。

至于国外，杨梅树在日本、韩国、印度、缅甸、越南、菲律宾等国也有分布。

杨梅可不止鲜食一种吃法哦，还可以将它加工成杨梅干、杨梅酱等，还常用来酿酒或泡酒。

鳄梨树

分类 毛茛目－樟科－鳄梨属

原产地 美洲

鳄梨树是一种耐阴的常绿乔木，树高可达10米，树皮灰绿色。其果实又被称为“油梨”“牛油果”等，除用于生食外，还常用作加工菜肴等。

鳄梨树原产于美洲的墨西哥，中国在20世纪初就已在广东省、福建省和台湾地区少量栽培。从原产地可以看出，这种果树适宜栽培于热带和亚热带地区，喜欢高温、湿润环境，不耐寒，高温干燥也不利于其生长。鳄梨树的根系只是浅扎土中，枝条也比较脆弱，所以抗风性比较差，一般需要栽种在避风处。

鳄梨富含不饱和脂肪酸、多种矿物质和维生素等，但不含胆固醇，含糖量低，是糖尿病人也可以食用的水果。

枣树

分类 鼠李目 – 鼠李科 – 枣属

原产地 中国

枣树是一种落叶小乔木、稀灌木，高能达到 10 余米，树皮褐色或灰褐色。果实名为枣，呈矩圆形或长卵圆形，肉质细腻、味甜，营养丰富，可生食或制成干果及蜜饯食用。

树之趣闻

枣树原产于中国黄河中游地区，是栽培历史最为悠久的果树之一。早在 3 000 多年前，人们就已经开始食用枣了，《诗经》里有“八月剥枣，十月获稻”的说法。同时，从史料上来看，枣还是非常珍贵的物资：诸侯以枣为礼，献给掌管朝觐的官员；诸侯和士每月祭庙时的祭品中也有枣；葬礼上也会用枣来当祭品。《战国策》中提到燕国盛产枣，枣对燕国经济的影响很大。可见，枣树在我国历史上具有重要的作用。

枣树枝梗劲拔，翠叶垂荫，常用作观赏植物，尤其是树龄比较老的树干和树根被视为制作树桩盆景的好材料。

核桃树

胡桃目 – 胡桃科 – 胡桃属

原产地 中亚

核桃树又名胡桃树，原产地为中亚，如今中国南北各地均有栽培。核桃树树形挺拔，树冠广阔，所以可用作道路绿化的防护林；其木质坚韧、富有弹性，是很好的木材；其果实名为核桃，营养丰富，是非常受欢迎的干果之一。

树之趣闻

核桃树喜温暖气候、喜光，要求土壤深厚、疏松、肥沃、湿润。在核桃树的新梢生长期或果实发育期，要求水分供应充足。核桃树有很强的适应性，所以很多地方都有种植，中国是世界核桃生产大国，种植面积和产量都居世界首位。事实上，不仅中国人爱吃核桃，世界各地的人都喜欢吃核桃，因此核桃与“扁桃仁”“腰果”“榛子”一起被视为“世界四大干果”。

中国人不仅吃核桃，
还把玩核桃，于是形成了
"文玩核桃"这一文化现象。

柿树

分类 柿目－柿科－柿属

原产地 中国长江流域

柿树是我国常见的一种果树，各地均有栽培。柿树属落叶大乔木，树高可达14米，枝开展，树形较好，有些地方也用作庭院观赏植物。果实可食，名为柿子，是一种颇受欢迎的水果，并且还可以脱水制成柿饼。

树之趣闻

柿子成熟以后，口感较甜，但依旧略带涩味；如果没有熟透，吃起来就特别涩。原来，这是因为未成熟的柿子内含有大量的单宁物质，这种物质会引起强烈的涩味。说起来，单宁是柿树进行自我保护的体现——防止果实在未成熟时便遭到采摘，从而导致得不到成熟的种子，影响柿树的繁衍。随着果实的成熟，单宁逐渐被分解成其他物质，柿子的涩味便能逐渐消失。

柿子耐储存，经过适当处理，可储存数月。

观赏树木

观赏树木是指一切可供观赏的木本植物，其价值重在观赏，如园林造景、盆栽观赏等。它们各有特色，有些是树姿优美，有些是树叶极具观赏价值，有些是花朵迷人，有些是果实可爱——每种植物都能给人们以美的享受。

从居室到社区，从道路到工矿区，从庭院到公园，观赏树木不仅能点缀生活，还能改善和保护环境。

银杏

分类 银杏目－银杏科－银杏属

原产地 中国

银杏是一种落叶乔木，也是裸子植物门银杏目下唯一现存的植物，是现存的最古老的植物之一，被视为“植物界活化石”。银杏寿命很长，用处也很多，既是人们喜欢的观赏植物，又具有药用价值和经济价值。

银杏类植物大约出现于2.7亿年前，并逐渐扩大种群，但进入白垩纪（始于1.45亿年前，结束于6 600万年前）后期后，随着被子植物的迅速崛起，银杏类植物逐渐灭绝，只留下银杏一种栖于中国南部。

银杏树形高大挺拔，树冠大多呈圆锥形，成排种于道旁极具美感。银杏的叶子呈扇形，非常可爱，而且一到秋季就会变成金黄色，十分漂亮。

银杏寿命很长，但生长速度缓慢，从播种到结果大概需要20年。

柳树

分类 杨柳目－杨柳科－柳属

原产地 中国

柳树指的不是一种植物，而是杨柳科柳属一类植物的总称。柳树对环境适应性很广，所谓“无心插柳柳成荫”，说的就是柳树很容易成活。柳树成材快、树形美、枝繁叶茂，很适合作为行道树。

柳树在中国的栽培历史由来已久。据考古发现，早在10 000年前，青岛胶州湾附近就已经有柳属植物出现了。而栽培历史则至少有4 000年：古蜀时期，鱼凫王建都（位于今成都市温江区），下令广植柳树作为国界，从此鱼凫古都杨柳依依，史称“柳城”。春天一到，鱼凫古都更是万树吐绿，万柳迎春。

柳树的“柳”与“留”谐音，所以古人送别时会“折柳”相送，表达不舍之情。就好像诗句所说的那样“为近都门多送别，长条折尽减春风”。

枫树

分类 无患子目 – 槭树科 – 槭属

原产地 美国、加拿大东部

枫树是槭树科槭属植物的俗称，是一类植物，而不是单个物种。枫树树形高大，树冠覆盖广，枝繁叶茂，每到秋天“霜叶红于二月花”，十分漂亮。所以，公园、景区中，多选择枫树造景，天然的枫树林也极受人们欢迎。

树之趣闻

每到秋天，人们就会想着去赏红叶，而红叶大多指枫叶。为什么枫叶每到秋天就鲜红胜血呢？原来，枫叶中含有丰富的叶绿素、叶黄素、花青素等色素——春夏季节，树叶中的叶绿素含量高，所以树叶呈绿色；到了秋天的时候，光照减少、气温降低，树叶中的叶绿素也逐渐减少，而花青素大量形成，叶片细胞液呈酸性，花青素在酸性环境中呈现出红色。这样，枫叶到秋天就变成红色了。

加拿大素有“枫叶之国”的美称，大量种植枫树，而且加拿大人也善于将枫树制成枫糖并出口其他国家。

白桦树

分类 山毛榉目－桦木科－桦木属

原产地 中国、俄罗斯等

白桦树是一种落叶乔木，树高可达25米，树干挺直，树形优美，极具观赏价值。白桦树一般不会独自造景栽培，而是大面积栽种，形成独特的风景线。在俄罗斯，白桦树被视为国树，深受人们的喜爱。

多数树木的树皮是褐色或是绿色的，可白桦树的树皮却与众不同——它呈现出一种雅致的白色。这是由于白桦树的树皮发育得较为特殊。树皮从外到内，分别为木栓层、木栓形成层和栓内层，形成木栓层的木栓细胞壁上有一层木栓质，木栓质就是褐色的。可白桦树的木栓层外还有白桦脂和软木脂，这些脂质呈白色并位于树皮最表层，所以白桦树的树皮为白色，并且十分光滑。

白桦树喜欢阳光，生命力旺盛，树皮光滑，可分层剥下。

椰树

分类 棕榈目 – 棕榈科 – 椰子属

原产地 马来群岛

椰树是一种常见的热带树种，既是果树，也是观赏树木。椰树高 15 ~ 30 米，树干挺直，树叶集中生长在树干顶端，没有分支。

树之趣闻

椰树对温度要求很高，只有在全年无霜、年均温度达 25℃而且没有较大温差的生长环境中才能正常开花结果。

植物往往会根据分布地区的条件选择有利的方式传播种子，椰树也是如此。其生长在海边，果实（椰子）成熟后便会自然落入海中，然后四处漂泊，到达适合生长的海岸，就会生长繁殖。

椰树浑身是宝，椰子的汁水是非常美味的饮品；椰肉生吃或制成椰肉干都非常美味；椰子壳还能制成工艺品。

苏铁

分类 苏铁目－苏铁科－苏铁属

原产地 中国

苏铁是一种常绿乔木，也是一种非常受欢迎的观赏树木。树干短粗，叶大而坚硬，呈羽状分裂，集生在茎顶，四季常青。园林造景时，通常会用它来点缀草坪等，但也有用于盆栽的。

树之趣闻

中国人常用“千年铁树开了花”来形容机会十分难得，同时也表达了铁树开花的现象十分少见。铁树真的需要千年才能开花吗？

其实，“千年铁树”只是一种夸张的说法，铁树的寿命约200年，通常10余年数龄的铁树就能开花了。这种植物虽然在很多环境下都能生长，但要开花，对环境的要求却颇高——一般来说，只有生长在日照时间长、气温高的热带和亚热带地区的铁树才能开花。

苏铁是雌雄异株植物，雌花和雄花外观有差异。

榕树

分类 荨麻目－桑科－榕属

原产地 中国及印度、缅甸等亚洲国家

榕树是一种乔木，树高可达30米，树干直径可达2米，树冠极大，一棵树就能覆盖一大片区域，常被人们用“独木成林”来形容。在园林方面，它常被用作行道树，树下十分凉快。

树之趣闻

榕树之所以能够“独木成林”，除了树干粗壮、树冠大的原因外，更重要的是因为它们有气生根。榕树的气生根从树干上长出，不停往下悬垂生长，有些垂至地面并扎入土中，还逐渐发育出一个细小的树干。一棵榕树可以长出许多这种树干，上百条甚至数千条矗立在树冠下。远远看去，榕树不像一棵树，而像一片森林。

福州市到处生长着榕树，所以其也被称为“榕城”。

紫薇树

分类 桃金娘目－千屈菜科－紫薇属

原产地 亚洲

紫薇树是一种落叶灌木，也是一种非常多见的观赏植物。紫薇树开花后，花朵繁盛而色彩艳丽，花期很长，可达百日以上，所以紫薇树也有“百日红”的美名。

树之趣闻

紫薇树的树干非常光滑，这与它的生长特点有关。未成材的紫薇树，其树皮每年长出后又脱落；而成材后的紫薇树则不再长树皮。

另外，紫薇树还非常有意思，只要轻轻触摸其树干，枝梢就会抖动起来，产生这种有趣现象的原因至今尚无定论……

中国栽种紫薇树的历史达数千年之久，据说唐朝长安城中遍种紫薇树。

珙桐

分类 山茱萸目 – 蓝果树科 – 珙桐属

原产地 中国

珙桐是一种高大的落叶乔木，树高可达25米，花朵十分美丽。珙桐在地球上已经存在约1 000万年，野生种只存于中国的湖北省和秦巴山地等地，被列为“国家一级重点保护野生植物”。

树之趣闻

珙桐又名“鸽子树”，这是因为其开花时，远远望去就像成千上万只鸽子停驻于树枝上。珙桐花的花序外包裹2～3片白色倒卵形花瓣状的苞片，每当有风吹过，苞片翻飞，就好像是鸽子展翅欲飞。

野生珙桐生长于常绿阔叶林或落叶阔叶混交林中，喜欢腐殖质深厚的微酸性土壤，不耐贫瘠。

1869年，法国传教士大卫首先在中国四川地区发现了珙桐，之后法国、英国、美国、日本等国纷纷来中国采集标本。

木棉

分类 锦葵目 – 木棉科 – 木棉属

原产地 不详

木棉是一种落叶乔木，树高可达25米，花朵大而艳丽，极具观赏价值。其生命力十分旺盛，即使在恶劣环境中也能顺利发芽生长。

树之趣闻

木棉的原产地不详，后被带到了马来半岛、印度尼西亚及中国。公元前2世纪，南越王赵佗向汉朝进献了一株木棉——中国约从那时起开始栽培木棉。

木棉春季开花，先花后叶，花多而大，花开时满树挂红，仿佛烽火燃烧一般，极具观赏性。如果在林中生长，它们往往能高于其他树木，从而获得更多阳光，因此也更容易成活。

木棉的棉絮质地柔软，古时人们用它来填充被子和冬衣。

马拉巴栗

分类 锦葵目－木棉科－瓜栗属

原产地 中美洲、南美洲

马拉巴栗俗称“发财树”，是一种极具观赏价值的观赏植物。其四季常青，树干基部膨大，常用作盆景造型。

树之趣闻

马拉巴栗是一种喜高温、高湿气候的观赏植物，在我国的华南和西南地区栽培广泛。由于其耐寒力差，在我国北方多只能栽种在室内。

马拉巴栗不仅具有观赏性，还可以净化空气，如对甲醛就有一定的吸收作用。

马拉巴栗根系发达，茎具有很强的储水能力，比较耐旱，而且生长迅速、病虫害少，因此常被选为行道树。

玉兰

分类 木兰目－木兰科－木兰属

原产地 中国中部地区

玉兰是中国常见的一种观赏植物，属小型落叶乔木，每年春天花先叶而出，花朵莹洁高雅，深受人们喜爱。所以其被广泛种植在庭院、绿化带及公园中。

树之趣闻

玉兰原产于我国中部各省，是早春重要的观花树木。其花外形似莲，花瓣有白色、淡紫色等，但不管是哪种颜色，都十分清丽洁净，所以被人盛赞“玉洁冰清”。

此外，玉兰还有重要的文化意义。古时，庭院的配植中常有“玉棠春富贵”的说法，即在庭院中配植玉兰、海棠、迎春花、牡丹、桂花五种植物，代表富贵如意的意思。

玉兰可以吸收空气中的二氧化硫、氟化氢以及氯气。

蜡梅

分类 樟目－蜡梅科－蜡梅属

原产地 中国

蜡梅是一种落叶灌木，花朵芳香而且美丽，一般在百花凋零的隆冬绽放。古人认为蜡梅具有不屈的精神，故而对它十分推崇。除了园林造景、庭院栽培外，人们还常用蜡梅来制作盆景和插花。

树之趣闻

有人常将“蜡梅”与“梅花”混淆，其实它们是两种完全不同的植物。蜡梅是蜡梅科蜡梅属植物，一般只能长到 3 米左右；而梅却是蔷薇科李属植物，能长到 10 米。另外，从花色来看，蜡梅多为黄色；而梅花的颜色却比较多，常见的有白色、粉色和红色。

蜡梅的花是制作高级花茶的原料之一，若用它来制作红茶，能让茶味更醇厚。

鹅掌柴

分类 伞形目－五加科－鹅掌柴属

原产地 中国、大洋洲、南美洲等

鹅掌柴是一种在热带和亚热带地区比较常见的常绿灌木，分枝多，枝条紧密，掌状复叶，叶浓密，极为美观。

树之趣闻

鹅掌柴比较耐阴，除了用作绿化带外，还是一种非常受欢迎的室内观叶植物。不仅如此，鹅掌柴还具有一定的经济效用：鹅掌柴在每年11—12月开花，花能吸引蜜蜂前来采蜜。在中国南方，鹅掌柴是重要的蜜源植物。

此外，鹅掌柴还具有净化空气的作用，可吸收尼古丁、甲醛等。

鹅掌柴在全日照、半日照或半阴环境下都能正常生长，但对于斑叶品种来说，充足的光照可以让树叶更加光亮。

合欢

分类 蔷薇目－豆科－合欢属

原产地 中国

合欢是一种落叶乔木，树形高大，树冠开展，树枝繁茂，树叶清丽纤秀，夏日绒花朵朵，十分具有观赏价值。此树独成风景，适合栽种于绿化带中。

树之趣闻

合欢的树叶是羽状复叶，小叶早晨展开、傍晚闭合，十分有趣。另外，在暴雨来临之际，小叶也会闭合。原来，合欢叶柄基部的细胞十分敏感，极易受到光线和温度的影响，并且可以迅速收缩和膨胀，从而控制小叶的展开与闭合。

在中国，合欢一直是吉祥的象征，寓意夫妻和睦。

桂树

分类 捩花目－木犀科－木犀属

原产地 中国

桂树是一种常绿阔叶乔木，但分枝性强且分枝点低，所以幼年时期常呈灌木状。事实上，桂树高可达15米，树冠极大，而且树形优美，花香浓郁，是一种集绿化、美化于一体的园林树种。

树之趣闻

桂树喜温暖环境，喜光照，在中国南方地区多有栽种。桂花是中国传统十大名花之一。每当金秋时节，丛桂怒放，从夜间到清晨，阵阵桂花香随风入鼻，正好印证了宋之问的诗“桂子月中落，天香云外飘”。桂花不仅花香四溢，更是很好的食材，人们常用它来制作桂花酱、桂花糕、桂花饼等。

在中国古代，人们喜欢在庭院里种上桂树，取“蟾宫折桂”（比喻科考高中）之意。

夹竹桃

分类 捩花目－夹竹桃科－夹竹桃属

原产地 印度、伊朗、尼泊尔

夹竹桃是一种常绿直立大灌木，高能达到 6 米，分枝能力强，树冠开展，叶子的形状跟柳树有些相似，所以又被称为“柳叶树”。每年 6—10 月开花，花为深红色或粉红色，很漂亮。

树之趣闻

夹竹桃原产地气温高、光照足，而其本身也喜欢温暖湿润的气候，因此传入我国以后多在南方地区栽培。由于夹竹桃四季常绿，花多且艳丽，所以中国南方的公园、绿化带、路旁、河道旁等都栽培夹竹桃。

夹竹桃虽美，但却是最毒的植物之一，整棵植株带毒，动物误食可致死。

夹竹桃具有抗烟雾、抗灰尘的作用，还能抵抗二氧化硫、氟化氢、氯气等，是适合种植在工厂矿区的绿化植物。

黄山松

分类 松杉目－松科－松属

原产地 中国

黄山松是在黄山等独特地貌和气候条件下形成的特有树种，树高可达30米，树径80厘米，树枝平展。黄山松生命力旺盛，往往扎根于峰顶、悬崖峭壁、深壑幽谷等恶劣环境，生长速度极慢，姿态奇绝。

树之趣闻

黄山松原产黄山，喜光、深根性，耐瘠薄——没有深厚的土层，它们便根植于岩石缝中。原来，黄山松的根系能分泌一种有机酸，其可以溶解岩石，这样，从岩石中分解出的矿物盐类就可用来供黄山松成长之用。同时，黄山松的落叶和附近的花草腐败后也能变成肥料来滋养黄山松。所以即使是在贫瘠的岩缝中，黄山松也能生长，但往往无法直立，而是依山势和风向形成各种姿态。

黄山松一般生长在海拔600米以上的山地，主要分布于中国的安徽、福建、浙江、江西、广东、云南、湖南等省。

红花羊蹄甲

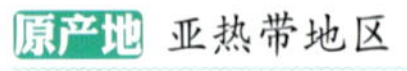

分类 豆目－苏木科－羊蹄甲属

原产地 亚热带地区

红花羊蹄甲是一种常绿乔木，树高6～10米，树冠开展，枝叶茂盛低垂，花大如掌，花瓣呈红色或紫红色，非常漂亮。在中国南方，红花羊蹄甲是非常受欢迎的观赏树木，常被用作行道树或绿化带景观植物。

树之趣闻

“羊蹄甲”的名字来源于植物的叶子形状，叶呈革质，为圆形或阔心形，叶宽略大于叶长，顶端二裂，形如羊蹄，所以被称为“羊蹄甲”。

1880年，人们在中国香港地区发现了红花羊蹄甲，当地人多称其为“紫荆花”。

紫荆花在中国香港地区深受欢迎，1997年香港回归以后，香港特别行政区的区徽、区旗及硬币等都是以紫荆花为元素设计的。

变叶木

分类 大戟目 - 大戟科 - 变叶木属

原产地 马来半岛至大洋洲

变叶木是一种灌木或小乔木，树高可达 2 米，树形优美、叶片斑斓多彩，是一种极具观赏价值的观叶植物。在热带和亚热带地区，这种植物常被种植在公园、庭院和城市绿化带中。

树之趣闻

变叶木喜温暖湿润气候，喜光，不耐霜冻，过冬气温不能低于 15℃。

变叶木的种类很多，叶片的形状、大小也因此而差别较大，有长圆形、椭圆形、卵形、匙形、提琴形等，但是无一例外都极具观赏价值。它的叶片两面无毛，有绿色、淡绿色、紫红色、金黄色、紫黄相间、绿叶上散生黄色斑点或斑纹……总之，变叶木的叶片色彩丰富，非常受人们喜爱。

变叶木不仅是良好的园林观叶植物，也常用于室内盆栽，其枝叶还是理想的插花配叶材料。

其他树木

在日常生活中，人们最常见的树木第一是果树，第二是观赏树木，还有许多树木虽然也知道它们的名字，只是不常见到。比如，生长在荒漠地区可防风固沙的胡杨，濒临灭绝的红豆杉，极具研究价值的木本蕨类植物桫椤……

世界上还有许多非常特别的树木，让我们一起认识一下吧。

红豆杉

分类 红豆杉目 – 红豆杉科 – 红豆杉属

原产地 中国

红豆杉是红豆杉属植物的通称，是一种常绿乔木，树高可达14 米，树干挺直，枝叶浓绿，分布在我国甘肃、陕西、四川、云南等省中海拔 1 000 ~ 1 200 米的高山地区。

树之趣闻

红豆杉被誉为“植物大熊猫”，已经在地球上生存超过 250 万年了。这种树生长速度极慢，繁殖能力非常弱，面临着灭绝的威胁，被中国列为“一级珍稀濒危保护植物”。

红豆杉主要分布在北半球，除中国外，印度、尼泊尔、美国和加拿大也是红豆杉的主要分布区。

红豆杉是裸子植物，只有种子，没有种皮，种子外包裹的红色物质其实是它的肉质假种皮。

水杉

 松杉目－杉科－水杉属

原产地 中国

水杉是一种落叶乔木，其叶为条形，呈羽状复叶状，好像梳子一样，所以人们又称之为“梳子杉”。水杉属植物跟恐龙是差不多时间诞生的，是一种“活化石”植物，十分稀少且珍贵。

树之趣闻

水杉类植物诞生于白垩纪（1.45 亿—6 600 万年前），但到了约 100 万年前，大部分水杉类植物陆续灭绝。人们一度认为水杉植物已经绝迹了。直到 1941 年，中国的植物学家在湖北省利川市谋道镇（当时四川万县磨刀溪）首次发现了这一闻名中外的古老珍稀树种。后来，人们又相继在利川市其他位置，以及重庆市、湖南省等地发现了野生水杉。1948 年后，水杉被广泛引种栽培。

水杉喜温暖湿润气候，喜光，不耐贫瘠和干旱，移栽容易成活。

侧柏

分类 松杉目－柏科－侧柏属

原产地 中国

侧柏属柏科常绿乔木，树高可达20米，幼树树冠呈尖塔形，老树呈广卵形，树形挺拔苍劲。小细枝扁平，排列成一个平面。侧柏叶小，呈鳞片状，紧贴在小枝上。侧柏是中国特有树种，在中国大部分地区均有分布。

侧柏的寿命很长，百年甚至数百年以上树龄的并不少见。这种树的用途很广，除了造林外，还可用于园林绿化，木材可供制作家具使用，叶和枝可入药。在中国，侧柏还经常被栽于寺庙、陵园等建筑附近。这主要是因为侧柏挺拔，叶茂而重，风过而不乱，给人一种庄重之感。大面积栽种侧柏可以营造出肃静、清幽的氛围。

北京的天坛公园内古柏参天，苍翠欲滴，大片的侧柏与汉白玉栏杆以及青砖石路相互映衬，让整个天坛公园显得十分幽静，参观的人再多，也不会有喧嚣的感觉。

胡杨

分类 杨柳目－杨柳科－杨属

原产地 中亚地区

胡杨是一种落叶乔木，树高可达15米，耐风抗沙，在中国新疆、内蒙古、甘肃、青海、宁夏等地均有大面积种植。胡杨生命力旺盛，人们称其“生而千年不死，死而千年不倒，倒而千年不烂”，是最佳的“荒漠卫士”。

胡杨储水能力强，如果划破它们的树皮，立刻有大量汁液溢出，就像人不停流血。由于生活的地方多为盐碱地，所以胡杨的汁液含有大量的碱性物质，并不适合救急饮用。

胡杨根系发达，可扎入地下2～5米，一棵树的根系可覆盖数十平方米区域，能大量吸收水分。正因为如此，胡杨才能在干燥的环境中存活。

胡杨的树叶可作为家畜的饲料。在胡杨分布地区，冬季无草时，牧民们会用胡杨的落叶喂养牛羊。

橡胶树

分类 大戟目 - 大戟科 - 橡胶树属

原产地 亚马孙热带雨林

橡胶树是一种热带地区的落叶乔木，树高可达 30 米，有丰富的胶乳。橡胶树的胶乳是制成天然橡胶的原材料，只要割开树皮，胶乳便会不断涌出，因此，印第安人称之为“流泪的树”。

橡胶树 19 世纪末被带到英国，之后又被移栽到新加坡、马来半岛等，1904 年被引种至中国。

橡胶树具有很高的经济价值。马来西亚、印度尼西亚、印度、泰国和斯里兰卡等是世界上种植橡胶面积最广并获利最多的国家。这些国家大量种植橡胶树，并在其 6 ~ 8 年树龄时割破树皮获取乳胶。一棵橡胶树的经济寿命为 35 ~ 40 年。

割乳胶时，逆时针方向螺旋斜割（约与水平方向呈30°倾角），这个角度出乳胶效果最好。

绿玉树

分类 大戟目－大戟科－大戟属

原产地 地中海沿岸

绿玉树是一种热带灌木或小乔木，原产于地中海沿岸。绿玉树常年只能看到光秃秃的树干，树干上无叶片或有极少的退化叶片，看起来好像绿色的玉石，故得名绿玉树。

树之趣闻

绿玉树原产地环境干燥，植物在这样的环境中获取水分并不容易，可叶片的蒸腾作用却会一直消耗水分，因此绿玉树只能让叶片早早脱落，以此来提高生存机会。渐渐地，绿玉树的叶片就退化成线形或不明显的鳞片状了。这样一来，人们只能常年见到光秃秃的树干，所以绿玉树又被称为“光棍树”。虽然没有了叶片，但由于茎是绿色的，因此绿玉树依然可以进行光合作用。

绿玉树耐旱、耐盐、耐风又耐贫瘠，所以常被作为防风林种植在海边。

榆树

分类 荨麻目－榆科－榆属

原产地 中国

榆树又名榆钱树、白榆等，是一种在中国北方地区较为常见的落叶乔木。榆树每年3—4月开花，然后长叶，翅果稀而呈倒卵状圆形，故又名榆钱。

树之趣闻

俗语所言“榆木疙瘩”是指榆树的根坚硬无比，不容易劈开，常用来比喻人思想顽固。由此可见，榆树木性坚韧的本性深入人心。事实上，榆木的硬度与强度适中，纹理通达清晰，刨面光滑，常被用来制作家具。

榆树耐寒，耐旱，耐中度盐碱，抗风，抗污染，而且生长快、树龄长，所以常被用作绿化树种或盐碱地造林树种。

榆树的叶子也有很
多用处，如可以喂蚕等。

面包树

分类 荨麻目－桑科－波罗蜜属

原产地 太平洋群岛及印度、菲律宾

面包树是一种常绿乔木，树高 10 ~ 15 米，树叶很大。其在马来群岛上属于一种常见树，我国海南省亦有栽种。

树之趣闻

面包树的果实被称为“面包果”，果肉充实，营养丰富，烤制后松软可口，味如面包；去皮水煮也很好吃。面包树的结果期很长，每年中有 9 个月。通常，一棵面包树每年约可结果 200 个。

18 世纪中叶，英国殖民地西印度群岛大闹饥荒时，殖民者就给当地运送了大量面包树树苗。这些树苗种下后，很快适应了当地环境，迅速成长，最后解决了当地的饥荒问题。

面包树的木质松软，海岛居民
常用它们来制作独木舟或搭建房屋。

猴面包树

分类 锦葵目－木棉科－猴面包树属

原产地 非洲

猴面包树生活在干燥炎热的非洲，是一种大型落叶乔木，树高可达 20 米。它的果实呈椭圆形，果肉略带酸味，很受猴子和猩猩的喜爱，因此得名“猴面包树”。

树之趣闻

猴面包树的树干很粗，有的树径可达 12 米，木质疏松，十分利于储水。每到雨季，猴面包树的树干便大量吸水，抽芽、长叶并开花。据说，每棵猴面包树的树干最多可蓄水 5 000 升。到了旱季，猴面包树便落叶，以减少水分流失。就这样，它们在非洲存活了下来。

猴面包树约长到20岁树龄才能开花，花朵为白色、很大并能散发出腐肉气味。

杏仁桉

分类 桃金娘目 – 桃金娘科 – 桉属

原产地 澳大利亚

杏仁桉是一种常绿乔木，更是世界上最高的树，树高可达100米。这些高耸入云的巨树矗立在澳大利亚的草原上，笔直的树干上几乎见不到枝杈，只有树顶上才有一些枝叶。

树之趣闻

杏仁桉的生长速度极快，平均每年可长高1米，一棵50岁树龄的杏仁桉可以长到65米。

除了生长迅速外，杏仁桉叶片的生长方式也有些奇怪。一般来说，植物为了更方便地进行光合作用，树叶都是正面朝上生长的，可杏仁桉为了适应生长地干燥、强光的环境，叶片都是侧面朝上生长的，这样可以减少阳光直射，减弱蒸腾作用。

由于树叶片少，并且侧面朝天生长，杏仁桉林往往无法遮阴，树林里阳光通常较为充足，所以人们也形象地称杏仁桉林为“无影的森林”。

花椒树

分类 无患子目 – 芸香科 – 花椒属

原产地 中国

花椒树是一种落叶灌木，树高 3 ~ 7 米，一般见于平原至海拔较高的山地。

树之趣闻

花椒树的果实名为花椒，呈球形，有一种独特的香味，这是因为其中含有柠檬烯、花椒油烯等多种挥发性物质。用花椒调味，不仅能除去肉的腥味，还能刺激人们分泌唾液，有利于增强食欲。

花椒树的树干、枝条上都长有刺，一些果农在自家果园的四周种植它们，作为防护刺篱使用。

西汉时期，皇后所居未央宫以椒和泥涂壁，故称“椒房”。以椒和泥涂壁，可以让宫殿温暖、芳香，同时又取花椒多籽的美好寓意，故被人们视为子孙繁衍之意。

忍冬

分类 茜草目－忍冬科－忍冬属

原产地 中国

忍冬是一种多年生半常绿缠绕灌木，适应性很强，中国大部分地区都有分布。其茎枝和花均可供药用。

树之趣闻

由于具有清热解毒、消炎退肿的功效，不仅能用于制成中成药，人们还经常直接取干燥的忍冬花泡水喝。夏季，以忍冬花代茶饮，可治温热痧痘、血痢等。忍冬花茶，以使用未开放的忍冬花蕾为最佳，选择晴天早晨露水消失时摘取，经晾晒或阴干后，就可以储存了。

忍冬开花后，花冠先呈白色，后变为淡黄色，而又不停有白花绽放，于是树上的花有白色也有黄色，故而也被称为“金银花”。

在中国，忍冬是人们普遍喜欢的植物，而在北美洲，它则逸生成为难除的杂草。

桫椤

分类 真蕨目－桫椤科－桫椤属

原产地 中国及东南亚地区

桫椤是一种蕨类植物，也是世界上已发现的唯一的木本蕨类植物，树高3～8米，被誉为“蕨类植物之王”。桫椤约出现于1.8亿年前，是一种非常古老的植物，具有极高的研究价值。

桫椤为半阴生植物，喜温暖潮湿的气候，一般生长在水分充足而光线不太强的山地溪旁或疏林中。作为蕨类植物，桫椤跟其他蕨类一样，都是通过孢子繁殖的。桫椤的孢子位于叶背处的孢子囊群中，虽然数量多，但成活率不高。桫椤的繁殖力非常弱，植株也并不多。

桫椤对人们研究蕨类植物的进化和地壳演变具有重要意义，中国在贵州、四川、广东等省都建立了桫椤国家级自然保护区。

图书在版编目（CIP）数据

认树木 / 新华美誉编著 . -- 北京 : 北京理工大学出版社 , 2021.8
（童眼看世界）
ISBN 978-7-5763-0015-4

Ⅰ . ①认… Ⅱ . ①新… Ⅲ . ①植物－儿童读物 Ⅳ . ① Q94-49

中国版本图书馆 CIP 数据核字 (2021) 第 136511 号

出版发行 / 北京理工大学出版社有限责任公司
社　　址 / 北京市海淀区中关村南大街 5 号
邮　　编 / 100081
电　　话 /（010）68914775（总编室）
（010）82562903（教材售后服务热线）
（010）68944723（其他图书服务热线）
网　　址 / http://www.bitpress.com.cn
经　　销 / 全国各地新华书店
印　　刷 / 天津融正印刷有限公司
开　　本 / 850 毫米 × 1168 毫米　1/32
印　　张 / 16
字　　数 / 240 千字
版　　次 / 2021 年 9 月第 1 版　　2021 年 9 月第 1 次印刷
定　　价 / 80.00 元（全四册）

责任编辑：封　雪
文案编辑：毛慧佳
责任校对：刘亚男
责任印制：施胜娟